本书获“贵州大学国慧人文学科发展基金”资助

本书为贵州大学中外比较哲学研究所研究成果

《物理学》和《形而上学》旨要

曹 音◎编 著

· 贵 阳 ·

图书在版编目（CIP）数据
《物理学》和《形而上学》旨要 / 曹音编著.
贵阳：贵州大学出版社, 2025. 6. -- ISBN 978-7-5691-1082-1
Ⅰ. O4; B081.1
中国国家版本馆CIP数据核字第20251XV457号

《物理学》和《形而上学》旨要

《WU LI XUE》 HE 《XING ER SHANG XUE》 ZHI YAO

著　　者：曹　音

出 版 人：闵　军
责任编辑：吴亚微
责任校对：周阳平
装帧设计：陈　艺

出版发行：贵州大学出版社有限责任公司
地址：贵阳市花溪区贵州大学东校区出版大楼
邮编：550025　电话：0851-88291180
印　　刷：贵州思捷华彩印刷有限公司
开　　本：889毫米×1194毫米　1/32
印　　张：7
字　　数：131千字
版　　次：2025年6月第1版
印　　次：2025年6月第1次印刷

书　　号：ISBN 978-7-5691-1082-1
定　　价：28.00元

前言

当读者初次见到《物理学》这一书名时，往往会先入为主地认为，书中探讨的是为大众所熟知的力学、电学、声学、光学等现代物理学内容。然而，此书的作者是古希腊伟大的哲学家亚里士多德（Aristotle），在他所处的时代，以实验为基石、体系化的现代自然科学尚未形成。因此，亚里士多德笔下的《物理学》并非现代意义上的物理学著作，实则是以自然界为研究对象的哲学著作，其聚焦于探究自然界的总体原理与普遍规律。从严格意义上讲，这部作品更应被称作自然哲学。

在《物理学》一书中，亚里士多德针对自然界万事万物的“原因”，提出了影响深远的“四因说”，即质料因、形式因、动力因与目的因。所谓“质料因”，是指构成事物并始终留存于事物之中的物质基础，例如雕铸雕像的青铜、打造酒杯的白银，这些原始材料构成了物体存在的根基，也正因质料在事物生成与存续过程中发挥着基础性作用，故而被视作事物的“载体”。“形式因”具有双重内涵：其一是事物的“是其所是”

（to ti en einai），也就是决定事物本质的内在规定性；其二则是事物的外在形状，即其呈现于外的直观样态。“动力因”关乎事物运动的起始根源，是促使事物从静止转向运动、从潜在变为现实的初始动力。亚里士多德认为，世间万物皆有动静变化，若无动力因的驱动，事物的生成与存在便无从谈起，因此它是不可或缺的根本原因。“目的因”强调任何事物的存在与发展都蕴含特定指向，并非偶然随意发生，例如植物根系向下生长以汲取水分养料、叶片向上舒展以接收阳光，便是自然界之目的因的生动体现。随着思考的深入，亚里士多德发现“四因说”中动力因与目的因在某些层面与形式因存在重合。基于此，他对理论进行了进一步整合，将四因最终归结为形式因与质料因两大因，这一理论的精简与升华，更深刻地揭示了事物存在与变化的内在逻辑。

在亚里士多德的哲学体系中，自然界万事万物的本质并非物质，而是形式。在他看来，物质仅作为潜在的可能存在，唯有形式赋予其现实性与确定性，事物的运动变化本质上就是形式的更迭转换。这种形式的变化，其动力并非源自事物内部，而是由外部施加。由此，亚里士多德构建起一个宏大的宇宙图景：整个宇宙在一个“第一推动力”的作用下，遵循既定目的有序运转。作为宇宙运动的终极根源，“第一推动力”被亚里士多德定义为一种非物质性的存在，它自身永恒静止、不参与任何物质运动，却具有神圣属性，是一切运动的起始因，这一概念与当时的神学观念相呼应，被他等同于“神”来看待。在《物理学》的最终论述中，亚里士多德明确了“第一推动力”的存在，这一哲学论断跨越千年，对后世产生深远影响。著名科学家艾萨克·牛顿（Isaac Newton）在构建经典力学体系、思考宇宙运动根源时，便吸收借鉴了这一观点，将“第一推动力”引入其对宇宙终极动因的思考之中，尽管二者在学科范畴与具体内涵上存在差异，但亚里士多德的哲学思考无疑为牛顿的科学探索提供了重要启发。

《形而上学》作为亚里士多德极具影响力的哲学著作，是哲学研习者的必读经典，但因其内容深邃、思辨复杂，真正能够深入理解其精髓者寥寥。关于“形而上学”这一书名的由来，蕴含着一段跨越时空的学术传承故事。公元前一世纪，古希腊学者安德罗尼柯（Andronicos Rhodios）系统整理了亚里士多德的手稿，在完成《物理学》的编撰之后，便着手整理亚里士多德探讨第一哲学的相关文稿。由于这些内容探讨的是超越具体自然现象、研究存在本质与终极原因的抽象哲学命题，安德罗尼柯一时难以找到确切的名称来命名，便将其标注为“ta meta ta phusika”，字面意思是“物理学之后诸卷”。后来，为了表述方便，后人将其简化为“Metaphusika”。在希腊语中，“Meta”一词不仅有“在……之后”的时间或顺序含义，还包含“元”“超越”“基础”等更为深刻的哲学意味，这恰恰与亚里士多德所阐述的第一哲学内涵相契合——该学科致力于探究超越经验世界、触及存在本身及万物终极原理的抽象知识。到了日本明治时期，著名哲学家井上哲次郎在翻译“Metaphusika”时，联想到《易经·系辞》中“形而上者谓之道，形而下者谓之器”的经典表述，精妙地将其译为“形而上学”，既保留了“超越物质形态”的哲学本义，又融入了东方哲学对抽象规律的思考。这一译名随后传入中国，并被广泛沿用，成为哲学领域的经典术语。

研读亚里士多德的《形而上学》，首要任务是明晰其核心研究范畴。这部著作共探讨十四类哲学议题，构建起庞大而深邃的哲学体系。其中，存在论、实体论与神学构成其理论主干，贯穿全书始终。存在论聚焦于“存在本身”的本质与意义，追问“存在”究竟是什么，以及万物何以存在；实体论着重探究存在的基本载体与核心构成，剖析实体作为事物本质的特性与判别标准；神学则围绕“不动的推动者”展开，从哲学角度论证神圣存在作为宇宙终极原因与最高目的的必然性，三者相互交织，共同揭示亚里士多德对世界本原、存在本质及宇宙秩序的深刻思考，展现出古希腊哲学在形而上领域的巅峰成就。

（一）存在论

形而上学将“存在”确立为核心研究对象，但准确界定“存在”的内涵，却是哲学史上极具挑战性的难题。在传统的定义方法中，“种加属差”是一种被广泛采用的有效方式：我们在定义玫瑰花时，首先将其归入“花”这一“种”，继而通过描述它区别于其他花卉的独特特征，即“属差”，从而清晰界定其概念。然而，当面对“存在”这一最高级、最普遍的概念时，“种加属差”的定义方式便失去了效用——由于“存在”处于概念体系的顶端，既不存在与之平行且能用以区分的“属差”，也没有更上位的“种”可供归类，这使得我们难以像定义具体事物那样，明确指出存在“是什么”。鉴于此，人类对“存在”的认知，更多地聚焦于探究其“如何存在”，即“存在方式”。亚里士多德敏锐地把握到这一关键，将形而上学的核心任务确定为系统研究“存在”的各种存在方式，并将其命名为“范畴”。在《范畴篇》中，亚里士多德提出了事物存在的十种基本方式，即十个范畴：实体、数量、性质、关系、地点、时间、状态、动作、拥有、承受。这些范畴作为描述事物存在的基本谓词，构成了我们认识世界的思维框架。由此，亚里士多德对“存在”的研究重心，从难以企及的本质定义，转向了对“存在方式”——也就是“范畴”——的深入剖析，为形而上学的发展开辟了全新的路径。

（二）实体论

在亚里士多德提出的十个范畴体系中，“实体”（ousia）占据着核心地位。从严格意义上讲，将“ousia”译为“实体”存在一定局限性。在古希腊哲学语境下，“ousia”更侧重事物的

“本质”，对应着事物“是什么”的根本规定；然而当这一概念被转译为拉丁语“substantia”时，其内涵发生了微妙演变，衍生出“在下方支撑之物”的含义，强调其作为事物存在基础的支撑属性。在哲学思想的演进历程中，“实体”概念经历了显著的发展与转变。中世纪经院哲学将上帝等同于最高实体，赋予其超越性与神圣性；勒内·笛卡尔（Rene Descartes）认为实体是能够独立自存，无需依赖他物而存在的事物；贝内迪特·斯宾诺莎（Benedictus Spinoza）则认为实体是在自身内、并通过自身被理解的存在。这些阐释都将实体指向超验的神圣存在，认为唯有上帝才完全契合实体的定义。直至黑格尔哲学体系出现，这种状况才得以突破。格奥尔格·威廉·弗里德里希·黑格尔（Georg Wilhelm Friedrich Hegel）将驱动宇宙运行的根本规律视为最高实体，不过他认为这一实体本质上是精神性的，称之为“绝对精神”，从而赋予实体全新的哲学内涵。亚里士多德对“实体”的认知经历了持续的探索与深化。在早期著作《范畴篇》中，他将个别的具体事物，如某个具体的人、某一匹特定的马，确立为“第一实体”；而在后期代表作《形而上学》中，随着对“质料”与“形式”关系的深入思考，他转而主张“形式”才是第一实体；在《形而上学》第十二卷中，他进一步提出“神”作为最高实体的观点，将其视为宇宙万物存在与运动的终极原因。

在《范畴篇》中，亚里士多德从逻辑学角度对实体做出经典定义——在最严格、最原始、最根本的意义上，实体是既不表述其他主体，也不依存于其他主体的存在。这里的“主体”对应判断句中的主词，这意味着实体在逻辑判断中只能作为被描述的对象（主词），而不能用来描述其他事物（谓词）。这一定义凸显了实体的独立性与基础性。然而，随着对事物构成要素的深入探究，亚里士多德的实体观发生重要转变。他认识到任何具体事物都由“质料”与“形式”共同构成：质料具有变化性与不确定性，无法被明确定义；而形式作为事物的本质规定与内在结构，才是真正具有确定性与可定义性的要素。基于此，他得出结论：相较于变动不居的质料，形式才是决定事物本质的第一实体。

亚里士多德对实体的持续追问与探索，深刻揭示了形而上学研究的复杂性与开放性。正如他所强调的那样——存在是什么？实体是什么？这是一个自远古以来，直至未来都将持续被追问，却始终难以获得终极答案的哲学命题。这一论断不仅体现了他对哲学探索的深刻理解，也为后世哲学家持续思考存在与实体问题提供了重要启示。

（三）神学

亚里士多德将实体划分为三种类型：其一为非永恒的感性实体，涵盖一切具有生灭特性的具体事物；其二是永恒的感性实体，主要指天体，它们虽呈现感性形态，却具有永恒运动而无生灭的特质；其三为永恒的非感性实体，即“神”，这一超验存在构成了形而上学的核心研究对象。在亚里士多德的哲学体系中，运动赋予万物生灭变化的特性，但运动本身却是永恒存在、无始无终的；作为运动的度量维度，时间同样具备永恒性。鉴于运动与时间必然依附于实体而存在，由此可推导出：必定存在一种永恒不朽的实体作为其载体。这种永恒实体是纯粹现实的存在，完全排除质料的成分。因为一旦包含质料，就意味着存在潜在的变化可能，而潜能的存在必然导向现实化的过程，这与永恒实体的纯粹现实性相矛盾。因此，当追溯事物运动的终极根源时，必然会指向一个“第一推动者”——亚里士多德称之为“神”或“努斯”。这一存在自身保持不动，却能引发宇宙万物的运动，故而被称作“不动的动者”。同时，“第一推动者”因其至善本质，成为吸引万物趋向完善的终极目的，构成了宇宙秩序与运动的根本动因。尽管亚里士多德的“神”与黑格尔的“绝对精神”在作为宇宙终极解释原则的哲学功能上存在相似性，但二者分属不同的哲学传统与理论框架，在内涵、论证方式及对世界的解释路径上均有显著差异。

亚里士多德的《物理学》与《形而上学》两部经典著作，虽然切入哲学问题的视角与方法有所不同——前者从自然现象与运动规律出发，后者聚焦存在本质与形而上原理，但最终都指向“第一推动力”与“第一推动者”这一核心结论。正是基于二者在思想内核上的深刻关联，笔者将两部著作的核心要点整合于一书之中，旨在帮助读者系统把握亚里士多德哲学思想的完整脉络与内在逻辑。此外，本书的章节编排遵循原著结构，力求保留其原有的论述层次与思维进路，为读者提供与经典文本直接对观、深入研读的便利条件。

目录

Contents

《物理学》

002 第一章

011 第二章

011 A 自然与自然物

012 B 自然哲学家和数学家、理念论者的区别

013 C 变化的原因

016 D 自然哲学中的证明

019 第三章

019 A 运动

022 B 无限

028 第四章

028 A 空间

034 B 虚空

036 C 时间

042 第五章

042 运动变化（上）

049 第六章

049 运动变化（下）

058 第七章

058 第一推动者

063 第八章

《形而上学》

073 第一章

081 第二章

083 第三章

093 第四章

101 第五章

122 第六章

125 第七章

139 第八章

144 第九章

151 第十章

159 第十一章

168 第十二章

174 第十三章

181 第十四章

185 附　件

Physics
《物理学》

第一章

第一节　研究的对象和方法

《物理学》一书研究的对象是构成事物的本原或元素。

第二节　本原的数目和特性

事物的本原是一个还是多个？如果是一个，那这个本原是运动的还是静止的？自然哲学家和巴门尼德（Parmenides of Elea）都主张事物的本原是一个，不过区别在于自然哲学家认为本原是运动的，巴门尼德认为本原是不运动的。如果事物的本原只有一个，而且是不运动的，那它是怎么变成事物的呢？所以我们可以肯定地说，事物是运动变化着的。

如果事物的本原是多个，其数量是有限的还是无限的呢？有些哲学家认为本原的数量是有限的，即水、火、土、气四个。德谟克利特（Demokritos）认为，构成事物的本原是原子，原子在大小、形状等方面存在差异，原子的数量是无限多的。阿那克萨戈拉（Anaxagoras）则认为，本原是不相同的，是对立的。这些问题既是物理学的问题，也是哲学要考察的问题。

这些哲学家都在说“本原是什么”，“是”这个词有多种含义，所以我们应该先讨论“事物是一”这个命题。有人说“事物是一”表示事物是实体，是量，是质。这么解释的话，实体、量、质三者是彼此分离的存在，那么事物就是“多”而不是“一”。况且，实体只能做主词，量和质是用来描述实体的谓词。所以，这种解释是荒谬的。

再说，“一”本身也有多种含义。“一”可以指连续的事物（连续意味着保持自身同一，没有变化），也可以指不可分的事物，以及质相同的事物。如果“一”是指连续的事物，但“连续”又是可以被无限分割的，那么这样的“一”就是“多”。如果“一”是指不可分的整体，那它就不是量也不是质，也就谈不上有限或无限，因为“限”就是可分的；况且，整体是由部分组成的，既然有部分，“一”就是可分的。如果“事物是一”表示万物的质都是相同的（都是原子），那么就没有好事物和坏事物之分，因为它们的质是一样的。

如此看来，我们不得不承认“一就是多”“事物是一”这些命题不成立。

第三节　驳斥巴门尼德和麦里梭

对于“存在是一”或“事物是一”这个命题，麦里梭（Melissus）和巴门尼德的论证存在漏洞。麦里梭认为凡生成的事物都有一个开始，这一前提就存在着不合理性，因为事物的生成过程不能简单用此来界定起始状态。其次，他的推论也是错误的。他以——凡属生成的事物都有一个开始为前提，推出它的反面——凡非生成的事物都没有开始，但由这个前提只能推出——凡没有一个开始的都不是生成的事物，而不能推出——凡非生成的事物都没有开始。“存在是一”意味着事物是不运动、不变化的，但事实上整个宇宙始终都处于运动变化中。比如，水作为一个内部没有质上差异的同一体，它始终在自身内运动变化着，有时是固态的冰，有时是气态的水蒸气，有时又是液态的水。

巴门尼德的论证也是错误的。巴门尼德把系词“是”理解为只有一种含义，即表示“存在”。“是”表示存在，那它就是实体，而且是不可分的“一”。我们以“这东西是白的”为例。按照巴门尼德的观点，这句子应该切割为“这东西是”和“白的”，“这东西”是主词，“是”表示主词存在，主词是实体。而亚里士多德认为，这句子应该切割为“这东西”和“是白的”,“是”和“白的”共同构成谓词来描述主词，所以主词并非一定是存在。

再看“实体是不可分的一”这个命题。假设人的定义是“人是两脚动物”，这个定义中的“人”“两脚”“动物”都是实体概念，如果它们都是实体，那么“人”这个概念就是“多”，而不是不可分的“一”。显然,“是”不可能是“一”，也不可能仅表示存在，可见“存在是一”这种说法是荒谬的。

第四节　对自然哲学家主张的分析

现在我们讨论自然哲学家的主张，他们的主张分为两派。一派以恩培多克勒（Empedocles）为代表，主张事物的本原是水、火、土、气中的一种，通过聚和散产生事物，本原是“一”，事物是“多”。聚和散是一组对立形式，如果本原只是一种，那么本原就是“一”，形式就是“多”。另一派以阿那克西曼德（Anaximander）为代表，认为对立在形式中，形式是“一”。

阿那克萨戈拉主张，构成事物的本原是无限的，这意味着本原在品种和数量上是不可知的。如果品种是不可知的，就无法知道构成事物的本原是哪些。如果数量是不可知的，就意味着事物可以任意“大”或任意“小”，而实际上我们看到的植物、动物都有一定的大小尺度。可见，构成事物的本原在数量上不能是无限的。只有知道了构成事物的本原的品种和数量，我们才算是认识了这个事物。

阿那克萨戈拉还认为，事物不能从“无”中产生，只能从“有”中产生，因而一切事物都是从已存在的事物中分离出来的。比如，肉中含有水分，水可以从肉中分离出来。水中含盐分，盐可以从水中分离出来。如果这种说法成立，那么在这种不断分离的过程中，任何一个有限的事物最后都会被完全消耗掉。如果这个分离过程可以不断地进行下去，就等于说有限物中包含着无限物，这是说不通的。此外，一个物体被分离后必然会变小，这个小总有个极限，直到从中再也分离不出任何东西，否则就低于它的最小量了。由此可见，说一事物存在于另一事物中是不符合事实的。因此，还是像恩培多克勒那样，假定事物的本原是水、火、土、气中的其中一种比较好些。

第五节　对立不是万物的本原

所有的哲学家都认为对立即万物的本原。巴门尼德提出冷与热为万物的本原，阿那克西美尼（Anaximenes）提出聚与散为万物的本原。德谟克利特认为实与空为万物的本原，他还认为原子的位置、形状、次序也有对立，如位置有上下，次序有前后，形状有曲直。

如果对立是本原，它们就不能互相产生，但实际情况却往往不是这样。比如，“白”不能由任何事物产生，只能由“黑”产生，有黑才有白。当白消亡时，它由白转灰，再转为黑。这个道理也适用于别的一些事物，比如，和谐由不和谐产生，和谐消亡，就变成不和谐。由此可见，对立是互相产生的。况且，以往的哲学家说万物是由对立产生的，但他们却没有给出证明。因此，说对立是万物的本原，这是有问题的。

第六节　本原的数目为二或三

接下来要讨论的问题是，本原是两个、三个还是更多？首先，本原不能是一个，因为一个是构不成对立的。本原也不能是无限，因为本原若是无限的，事物就会是不可知的。既然如此，就有理由假定本原不止两个，因为我们从未见到过对立本身构成了事物，比如，聚和散构成了事物，或者友爱与争吵构成了事物。只有对立共同作用于某个第三者时，才产生了事物。因此，似乎有理由说，本原不可能是一个，也不会超过两个或三个。但要判断到底是两个还是三个，还是有很多困难的。不过，本原必须有相当的普遍性，它们才能涵盖一切事物。

第七节　本原的数目和本性

让我们来看看“变化”的本性是什么？例如，“无教养的人变成了有教养的人”。在这句话中，“无教养”与“有教养”是对立的双方，在变化之后，有一个东西不复存在，那就是“无教养”转变为了“有教养”，而有一个东西依然存在，那就是“人”。从中我们得出一个结论：在变化里必定有一个东西作为变化的基础即变化者，无论怎么变化，基础始终存在。那么，本原是两个还是三个的问题就基本解决了。我们说，对立的双方是两个本原，但它们必须作用于一个第三者，也就是作用于基础，所以本原应该有三个，即两个对立的本原和一个基础。

第八节　解决前人的疑难问题

早期哲学家认为，事物既没有产生，也没有消亡，理由是事物的产生只有两种可能性，要么从“有”中产生，要么从“无”中产生。“无”不可能产生“有”，因为任何产生都需要质料；“有”不需要再产生“有”，因为它已经存在。早期哲学家只承认“有”的存在，不承认“无”的存在。这一小节正是对这种观点做出驳斥。

先说从“有”产生的“有”。任何“产生”都是偶性的聚集，比如白色、咸、颗粒状这些偶性，或可聚集成盐，从而产生了盐这种事物。

再说从“无”产生“有”。事物是从“有”经过“缺失”到“无”，这是消亡的过程，缺失就是逐步减损，也就是“无”。比如黑色，它的“黑”逐步缺失（褪色），就变成了灰色。灰色是通过黑的缺失产生的，缺失就是“无”，没有“无”的协助不可能产生灰色。所以“无”能产生“有”。

因此，事物的产生，既需要“有”，也需要“无”，“有”与“无”是对立的双方，它们共同作用于第三者，产生出事物。这就是后来黑格尔辩证法中的正题、反题和合题。这是解决早期哲学家疑难问题的第一个方法。还有第二个解决从“无”到“有”这个疑难问题的方法，即从潜能到现实的转化分析。现实是质料与形式的结合，在质料阶段，光有潜能而缺失形式，形式的缺失就是“无”，所以从潜能到现实就是从“无”到“有”。这一点在《形而上学》中有更清晰的分析。

第九节　关于本原的进一步想法

现在可以理解为什么“无”可以产生“有”了。质料是实存，质料因为缺失形式，它就只是质料，还不是事物。比如，泥土缺失砖的形式就还是泥土，而不是砖。但可以确定的是，质料具有能获得形式的潜能。

到此为止，我们讨论了如下问题：事物是否存在本原？本原由何者构成以及有几个本原？至于脱离质料的永恒不变的形式是否存在，它是“一”还是“多”，以及它的本性问题，这些是第一哲学（形而上学）的任务，因此把这些问题留到适当的时候再谈。关于自然物的形式，也就是非永恒的形式问题，我们将在下面各章接着讨论。

第二章

A　自然与自然物

第一节　自然和自然物

事物有的因自然原因而存在，比如水、火、土、气、动物、植物等，这类事物我们称之为“自然物”。一切自然物在自身内有一个运动与静止的根源，或者是空间上的位移，又或者是量变和质变。反之，因人为原因而产生的，比如床、衣服等，它们是“人造物”。人造物的存在是偶然的，因为它们是由人力制造的，故在它们自身内没有一个运动与静止的根源。对于什么是“自然”、什么是“自然物”这些问题现在我们应该有一定了解了。

有人认为“自然”就是尚未形成事物的直接质料，比如，木头是床的“自然”，铜是雕像的“自然”。但是，最本原的质料仍然是水、火、土、气四种元素，它们是实体，是永恒的，而任何事物都有消亡，只有四元素才是最根本的“自然”。

有人认为“自然”是规定事物的形式，他们还把自然说成是“产生”的同义词，因为任何事物都按照内在目的而生长变化，形式就是它的内在目的。与质料相比，把形式作为自然比较恰当，因为形式不会消亡，且任何事物只有在它已具备形式时才成其为该事物。

B　自然哲学家和数学家、理念论者的区别

第二节　数学家和自然哲学家的区别

接下来我们研究数学家和自然哲学家的任务的区别。数学家研究的对象是从自然物中抽象出来的点、线、面等，这些对象自身是没有运动的。自然哲学家研究的对象是自然物，这些物体自身是运动的。数学家把点、线、面等与自然物分离开，理念论者也把理念与自然物分离开。但事实上，理念与自然物是不能分离的，因为理念就在自然物之中。

既然自然物包含质料与形式，那哲学就不能只研究质料而不研究形式。早期哲学家似乎只关注质料，很少关注形式。正确而全面的做法应当是认识形式与质料两种意义上的自然，研

究自然物的内在目的。因为自然物只要运动就有终结，终结即目的。

C　变化的原因

第三节　四种原因

既然我们的研究是为了认识自然物，那么我们就必须把握自然物的生灭以及它变化的原因。原因有如下四个。

质料因，即构成事物的材料，比如铜是雕像的质料因，银是银杯的质料因。

形式因，指事物具有的特定结构和本质规定性。比如砖由泥土烧制而成，泥土是质料，砖所具有的特定形状和属性就是形式，若没有这种形式，泥土就不能成为砖。

动力因，即产生事物的推动力。

目的因，即事物变化最终要达成的目的。

这里需要说明，一个事物不可能只有一个原因，比如铜像，铜是它的质料因，雕刻家是铜像能形成的动力因。此外，有些东西是互为原因的，比如锻炼使人的身体好，身体好反过来也能让人更好地锻炼，它们一个是目的因，一个是动力因。

所有的原因既可以是潜能的，也可以是现实的。比如橡树种子要长成橡树，种子就是潜能，而长成了一棵橡树就是现实。现实的原因是和它的结果同时存在、同时消失的，比如一座铜像在塑造过程中，雕刻家的雕刻行为这个现实原因始终伴随着，一旦铜像完成，雕刻行为这个原因也就结束了。但潜能的原因还未结束，因为铜像雕刻完成了，铜和雕刻家并不会随之消失。

第四节　偶然性和自发性

偶然性和自发性也属于原因，许多事物的存在和产生是偶然或自发的结果。

有的人怀疑偶然性和自发性，并且认为没有什么事物是由于偶然性而发生的，偶然性背后一定有其原因。但是偶然性确实存在，比如某人到市场买东西，偶然地遇到了他要找的人。

有的人把自发性的原因归之于天，因为万物井然有序地运动是自发的。他们一方面把动物和植物产生的原因归之于自然，一方面又主张天体的产生是自发的，它们没有原因。有些学者则认为偶然性是一种原因，但它是神秘莫测的，不是人的智力所能把握的。因此我们有必要研究：什么是偶然性和自发性。

第五节　偶然性和自发性都有某种目的

有些事物是“因”必然性产生的，有些则是“因”偶然性或自发性产生的。必然性的原因是确定的，偶然性或自发性的原因是不确定的。但是，不管是必然性还是偶然性，事情的发生总是有其目的的。比如某人去市场买东西，偶然地遇到了欠债人，收回了债款，我们说收回债款是偶然的，但他去市场是有目的的。因此我们可以说，因偶然性和自发性而产生的事物，它们也是有某种目的的。

第六节　偶然性和自发性的区别

偶然性和自发性的区别在于，自发的事情都可以说是偶然的，偶然发生的事情并不全都是自发的，因此自发性使用的范围更窄些。

自发性是没有意图的，它可以出现于低等动物和非生物中。比如石头掉下来碰巧砸到了人，这里石头并不是因为要伤人而特意掉下的，所以它是自发的。而偶然性通常也是无意图的，是意外发生的情况。所以在某种程度上，我们可以说低等动物、非生物等不做偶然的事情，因为它们没有价值观。

如果一个事物的产生违反自然常规，我们不说它是偶然产生的，而说它是自发产生的。还有一个区别在于自发性的原因是外在的，偶然性的原因是内在的。

偶然性和自发性都有其动力因，它们的发生总有原因在起作用，这些原因构成了动力因，且动力因的具体数目是不确定的。偶然性和自发性虽然也是事情发生的原因，但是这种原因是排在必然性之后的。

D　自然哲学中的证明

第七节　动力因和目的因纳入形式因

由此可见，构成事物的原因有四个，分别是质料因、形式因、动力因和目的因。后三个原因都可归纳为形式因。目的因为什么可以归入形式因？这是因为事物发展变化的最终目的就是完成其形式，所以目的和形式是同一的。动力因为什么可以归入形式因？因为事物的发展变化一定有其自身内的推动力，这个推动力就是事物的形式，事物内在的推动力是由形式决定的。

当然，事物的产生还有另一个推动力，这个推动力是一种初始的推动力，它自身是不运动的，但又是推动万物运动的原因，这就是第一推动力，也叫初始因。哲学就是要研究这个第一推动力——初始因。

第八节　自然有目的吗

任何事物都有其内在目的，比如人的门齿锐利，适于撕咬，臼齿宽大，便于磨碎食物，这些都不是偶然的，而是出于某种目的的必然。自然物也有内在目的，比如植物的叶子是为了吸收阳光，根往下生长是为了汲取养分。再如燕子筑巢、蜘蛛结网等也都是有目的的。事物的发展变化是为了达到某种最终目的，这个最终目的就是它的形式，所以目的因可以归入形式因。当然，事物在发展变化的过程中也会出现误差，误差就是没达到目的，畸形物就属于这一类。总而言之，事物的发展，绝不是偶然的，一定有其内在的目的和必然性。

第九节　必然性

必然性有两种。一种是“单纯”的必然性，也就是自然物的先天本性，比如在相同体积下，石头比砖头重，砖头比木头重。这种必然性被用在人造物的产生中，比如，砌墙必然把石头放在最下面做地基，砖头放在石头上面，木头放在砖头上面。这只是利用了质料的本性，但别忘了砌墙的目的是盖房子。另一种是“有目的”的必然性，比如，为了使锯子能锯木头，锯子必然要是比木头更硬的东西，当然，在现在看来，这种说法是不够精确的。

数学中的必然性与自然物中的必然性有相似之处。比如，既然三条直线构成三角形，那么三角形的三角之和必然等于两直角。“直线”是前提，“三角形的三角之和必然等于两直角”是结论。我们不能倒过来，如果三角形的三角之和不等于两直角，就否定直线的存在。但是在人造物中，我们可以倒过来思考，即使目的不存在，质料的必然性也是可以忽略不计的。比如，不是为了达到某种目的的话，石头、砖头、木头它们的轻重对我们来说是无关紧要的。

要达到某种目的，利用质料的必然本性是很重要的，但更重要的是目的本身。就比如锯子的目的是锯木头，所以它必须是比木头更硬的东西，比如锯子是铁的。这样看来，必然性虽然存在于质料之中，但如何利用质料的必然性，这是由目的决定的。因此，与质料因相比，目的因更重要，因为目的是质料的原因，而非质料是目的的原因。

第三章

A　运动

第一节　运动的本性

既然自然是运动变化的起因，我们就必须了解什么是运动。运动被认为是一种连续性的东西，因而“无限”这个概念就常常出现在连续性的事物中，比如“可以无限分割的事物具有连续性”。此外，如果没有空间、时间，运动也不可能存在，因为这些是一切事物所共有的。那么，我们就先来研究运动。

首先，事物分为：现实的、潜能的、既是潜能也是现实的（正在由潜能向现实转化的）三种。事物拥有实体、数量、性质，以及其他别的范畴。事物的“关系”范畴有过量与不足、推动者和被推动者。

其次，离开了事物就没有运动。因为事物的变化，要么是实体变化，要么是量变，要么是质变，要么是空间中的位移，离开了事物的这些变化就没有运动。既非实体又非量非质的事物是不存在的。

再者，每个范畴都有正反两方的对立，比如，实体有形式和形式的缺失，量有完全与不完全，质有黑与白，位移有向上与向下等。因此，存在有多少种，运动和变化就有多少种。

在区分了潜能和现实后，我们可以说，潜能的实现就是运动。比如，堆在那里的建筑材料是潜能，一旦把这些材料组合起来就是潜能向现实的转化，组合本身就是运动。

潜能的实现需要推动。在自然界中，一个事物推动另一个事物的发展，而它自己又被别的事物推动，因而就有推动者和被动者。当然，自然界有一个推动者，它自身是不被推动的，即不动的推动者，我们将在其他章节中说明。

同时我们必须知道，运动进行的时间就是潜能转化为现实的时间。比如，组合建筑材料的时间，就是材料转化为房屋的时间，而组合就是一种运动。

第二节　运动是尚未完成的现实

运动不能单单被归为潜能，也不能单单被归为现实，运动是正在实现中但尚未完成的现实。这种说法虽然难以理解，但却能成立。

在自然界中，A 事物推动 B 事物时，A 事物必须接触 B 事物并对它施压，因此推动者在推动的同时自身也在被推动。在事物内部，推动事物变化的是形式，而不是质料，形式是运动的本原或起因。

第三节　推动与被动

一个事物推动另一个事物，使得被动者的潜能转化为现实，因此推动者的活动就体现在被动者的现实之中，两者是合一的，就像上坡的路和下坡的路是一条路。但是，这种说法是很难被人接受的。因为这种说法就好比，老师教授学生知识，老师的“教”要体现在学生的“学”之中，因此就可认为教和学是一回事。推动与被动尽管有区别，但它们赖以存在的那个东西——运动——是同一的，所以推动与被动是合一的。现在我们说明了运动的定义，运动即是推动者推动被动者转化为现实。这个定义可应用于所有的运动。

B　无限

第四节　早期哲学家的观点

既然研究自然就是研究空间的量、运动和时间，那就必然要涉及“无限”这个概念。毕达哥拉斯派和柏拉图派都把无限看作实体，而非事物的属性。不过毕达哥拉斯派认为“数”是无限，无限与事物不可分，而柏拉图派则认为理念是无限的，且无限与事物可分。毕达哥拉斯派把无限和偶数等同看待，而柏拉图派则主张只有两个无限，量的无限大和无限小。

有的哲学家认为无限是元素的属性，有的哲学家认为元素数是有限的，有的则认为元素数是无限的。阿那克萨戈拉和德谟克利特就属于后者。阿那克萨戈拉认为，事物是由“同种”的部分组成的，这个部分是无限的。德谟克利特认为，构成万物的原子是无限的。

由此可见，这些哲学家都把无限看作构成万物的根源，这似乎很有道理，因为除了作为万物的根源，它也不可能起到别的作用。不过，无限不能有自己的根源，否则这个根源就会成为它的“限”，那么它就不是无限了。另外，无限是不生不灭的，如果它有生灭，生灭就是它的“限”，它也就不是无限了。

相信无限存在的根据有五点：1. 时间是无限的；2. 量是无限可分的；3. 生成和消亡是无穷尽的；4. 有限事物总以他物与自己的区别为“限”，因此没有真正的“限”，这也是无限；5. 数和天体是无限的，因而世界是无限的。

关于如何界定无限的概念面临困境，无论否认无限还是承认无限都有许多亟待解决的问题。自然哲学家的任务就是探究是否有一个可感觉的量的无限。所以，我们有必要辨析“无限”的定义。首先，无限就是达不到尽头，这种尽头也许根本不存在，又或者在本性上存在，然而在现实中却无法达到。其次，无限是事物的量可以无限增大，也可以无限分小。

第五节　对毕达哥拉斯派和柏拉图派的批判

毕达哥拉斯派和柏拉图派认为，无限是一个脱离事物的自在的实体。但这是不可能的，原因如下。

1. 如果无限是一个实体，那它就不是量，不是量就不可无限分割，进而它就不是无限。

2. 如果无限是可分割的，分割成的每一部分应该是有限的。但这与“无限是个实体”又是矛盾的，因为实体就有量，有量就能分割。因此无限只能是实体的属性。如果无限是实体的属性，它就不能是事物的根源。

3. 无限在本质上是实体的属性，也就是数和量的表示，但数和量不是实体，无限又怎么能是实体呢？

所以，毕达哥拉斯派把无限看作一个实体，这是错误的。

我们研究的是感性事物，我们的问题是：感性事物能否在量的方面是无限的？

我们先肯定所有的感性物体都是三维立体的，立体的每一个面都是该物体的界限，所以，没有感性物体在体积的量的方面能是无限的。

现在我们来分析感性物体的构成。感性物体要么是复合的，要么是单一的。就复合来说，物体是由两个或多个元素合成的，元素与元素必须保持均衡的状态，事物才能存在。如果其中一个元素是无限的，它就会压倒或消灭其他有限元素，一种均衡就会被打破，物体也就不复存在。比如说，构成物体的元素是水、火、土、气，如果某一元素是无限的，那么其他元素就会被消灭。所以，由单一元素构成事物是不可能的。

接下来我们来分析是否有某一元素是能够无限的。水、火、土、气的本性是不同的，所以它们各有各的空间。假设物体是由某个单一的元素构成的，那么所有物体就只存在于某个特定的空间，比如都是由气构成的，物体就都升腾在高空，下面就没有任何事物。因此物体应该是由不同的元素合成的。

那么元素的量是有限的还是无限的呢？由于宇宙总体在量上是无限的，所以元素的量不能是有限的。但是物体内的元素的量不能是无限的，否则，物体占据的空间就会无限地大，但实际上物体占据的空间与物体的体积同样大，所以物体内的元素不可能是无限的。

再者，如果一切物体都在空间中，在空间中就意味着在某处，而某处就意味着这个物体之身位或上或下，或左或右，或前或后，每一个身位都是一个“限”，而无限是没有限的。因此得出结论“没有一个感性物体是无限的”。

第六节　区别两种无限的意义

如果说无限根本不存在，也会产生很多问题，比如时间就有开始与终结，而数又可以无限大。所以必须分析，哪种意义上的无限是有的，哪种意义上的无限是没有的。

事物的存在有两种，一种指潜能的存在，一种指现实的存在。而对于无限来说，一种是量的无限增加，一种是量的无限分割。事物的量在现实上不可能无限增大，否则它就同宇宙一样大了，但却可以无限分割。比如一段绳子，你可以分为两段，两段再分为四段，这样无限地分下去。不过，这只是潜能上的无限，不是现实的无限。所谓“潜能”的意思是，无限只是理论上的，永远不会成为现实。

无限在量的方面、在时间和人的生殖方面有不同的表现。在量的方面的表现是可以无限分割下去，在时间和人的生殖方面的表现是永远可以延续下去。总而言之，只有潜能的无限，没有现实的无限。

第七节　为何量不能无限增大

在数学里，“1”被认为是最小单位，其他的数都是由1派生出来的，所以数可以无限增大以至无穷大。但是“量”正好相反，它不能无限增大，在潜能上却可以无限分割。这是因为，量若可以无限增大，便会超出宇宙，而超出宇宙的量是不可能的。但这并不妨碍数学家的工作，他们只需要一条可以按照他们的需要延长或截短的线，他们实际上并不需要无限的量。

第八节　现实中没有无限

思想中的无限并不意味着现实中的无限。首先，现实中的事物是有限的，而一事物灭亡另一事物产生，这是无限的。不过这个无限只是思想中的。其次，“接触”和“有限”是不同的概念。一事物影响另一事物，这是接触。两事物因区别而形成一条界限，这是有限。所以事物都是有限事物。最后，用思想中的无限来支持现实中的无限是荒谬的。不过，时间和运动是无限的，思想也是无限的。

关于“无限”的问题，就谈这么多。

第四章

A 空间

第一节 空间存在吗

空间是否存在？空间如何存在？空间是什么？大家公认的是，事物总是存在于空间中的某一处，并且，运动是物体在空间中的位移。

空间存在吗？当水从容器中被倒出来时，空气立刻就补充进容器中。显然，水流出来和空气进去的那个空间是存在的。

物体的位移不仅表明空间存在，也表明空间有上、下、左、右、前、后等。不过，这个方位是我们心里认定的，空间中的任何一个位置可以是上也可以是下，可以是左也可以是右，可以是前也可以是后。虚空即是没有物体的空间。根据上述分析，人们可以认为，物体之外有空间存在，一切物体都存在于空间中。空间是有别于空间中的事物的，当事物消亡时，空间并不消亡。

空间是什么？

1. 空间虽然有三维，即长、宽、高，它们是对一切物体的限定，但空间不是物体。

2. 物体占据空间，那么物体的点线面应该也占据空间。水有水平面，与水平面接触的空气就是“空间的面”，这表明我们能区分物体的面和空间的面。但是我们却不能区分物体的点和点占据的空间，因为点和点占据的空间是同一个。因此，如果说物体的点与点占据的空间没有区别，那就是说物体与空间没有区别，空间就似乎不是物体之外的独立存在。

3. 空间不是元素，也不是元素合成的东西。

4. 事物存在有四种原因，即质料因、形式因、动力因、目的因，空间的存在不属于这四种原因中的任何一种。

5. 如果空间和物体一样也是一种实在，那么它存在于什么地方呢？既然事物都存在于空间中，那么空间也应该有它存在的地方，也就是说，空间有它存在的空间，这样追索下去是无穷尽的。

6. 事物都会生长，空间是否会随着事物的生长而生长呢？

在提出这些问题后，必然要追问空间是什么，而且还要追问是否有空间这种东西。

第二节　空间是质料还是形式

对空间的解释有两种：一是共有，即所有物体存在于空间中；二是特有，即每个物体所直接占有的一个空间。

假设一个物体占据一个空间，那么空间与物体就形成一个界限，空间起到确定物体形状的作用，从这个观点出发，空间就是物体的形式。但是，形式是空的东西，物体占据空间，物体才是实在，实在就有体积，而体积要靠质料来体现，从这个观点出发，空间又是物体的质料。柏拉图（Plato）就是出于这个缘故，把质料与处所等同看待，处所就是空间。

如果把空间看作形式或质料，那么我们认识空间就会很困难，因为在质料与形式分离的状况下，很难分清什么是质料，什么是形式。然而，空间既不能是形式，也不能是质料，因为形式和质料不能脱离事物，而空间是可以脱离事物的。空间包容事物，事物都在空间里。

第三节　事物能在自身里吗

接下来我们要分析“在……里”究竟是什么含义。归纳起来，无非有两种主要含义：1. 部分在整体里，比如脑袋、躯体、四肢在人这个整体中；2. 整体在部分里，比如人是由脑袋、躯体、四肢这些部分构成的。

有人可能会问，事物能在自身里吗？“在自身里”有两种含义：或是直接的，或是间接的。当整体由几个部分组成时，整体被说成是在自身里。比如，脑袋、躯体、四肢这些部分构成了人这个整体，我们说人这个整体在自身里。不过这只是间接意义上的“在自身里”。在直接的意义上，事物“在自身里”是不可能的。如果一事物直接在自身里是可能的话，那就相当于作为容器的酒坛子和作为内容物的酒就是一个东西了。

所以，空间在空间里，或者说空间在它自身里，这种说法是不成立的。既然容器和它的内容物是不同的东西，空间就是容器，质料和形式都是空间的内容物。

第四节　空间是什么

现在大致可以明白“空间是什么”了。1. 空间是物体的直接包围者，但不是该物体的部分；2. 被物体占据的那个空间与该物体一样大小；3. 空间可以与物体分离；4. 每种元素在空间中位于不同的位置，空间就根据这个分为“上”和“下”。

与空间有关的运动，一是位移，一是增减（物体变大或变小），因为物体在增减过程中空间也在变化。运动有自身运动和随附实体运动。实体是自身运动，属性是随附实体运动的。

那么物体的直接空间就是这样的：如果物体和空间是可分开的，那么物体的每个面与空间就形成一个界限，物体与被它占据的空间就一样大。如果物体与空间是可分开的，那么物体就是在空间里运动的。

空间只有四种可能性：是形式，是质料，是一个独立的体积，是与物体形成界限的“限面”。

空间不可能是形式，因为形式是物体的形状，而空间只是包围物体的东西。

空间不可能是质料，因为质料不能同物体分离，而空间可以。

把水从容器中倒出来，空气就占据了容器的空间，于是有人就把容器中的空间看作一个独立的体积，这样就会有无数个独立空间。但这是不可能的，空间只有一个，所有被分割的空间都是这一个空间的部分。

空间既然不是形式，也不是质料，更不是一个独立的体积，那么空间只能是第四种可能性，即它是包围物体的“限面”。

空间是不移动的容器，空间包围着物体，它与物体形成一个界面，这就是空间。

第五节　对空间的推论

如果一个物体被空间包围着，那么它就是在空间里。有的物体是潜能地在空间里，有的物体是现实地在空间里。如果物体和它的包裹者是不可分离的，如瞳孔被眼球包裹着，那么瞳孔就是潜能地在空间里。如果物体和它的包裹者是可分离的，如水和水桶的关系，那么水就是现实地在空间里。

其次，所有的元素都因自身而在空间里运动，或位移或结合。但是，宇宙作为整体，外面没有任何东西包围着它，我们不能说宇宙在空间里。然而，宇宙的每一部分都是在空间里，因而宇宙整体又是在空间里的。对于宇宙我们只能说，宇宙是“万有”，一切事物都在宇宙里，一切事物就包括空间。

根据这些我们可以总结：空间并不必须和它里面的物体同时增长，“点”没有空间，两个物体不能在同一个空间里，空间不是一个有形的独立的体积，空间与物体形成一个界限，每一种元素都有自己特有的空间。

B　虚空

第六节　虚空是否存在

哲学家也应该研究虚空，虚空是否存在？它如何存在？它是什么？有的人主张没有虚空，他们做了只有一个小孔的壶，用手指按住小孔将壶压入水中，水不能进入壶中，以此证明壶不是空的，里面充满了空气。主张有虚空的哲学家则认为，虚空是没有任何可见物的一个空的体积，即便里面充满空气也是虚空。他们的争论虽都不在点子上，但相比之下，主张有虚空的比较有道理。他们主张如下。

1. 如果没有虚空，就没有物体在空间的运动，包括移位和增长。

2. 有些物体收缩了，这说明它收缩进虚空中了。

3. 有些物体增长了，这说明增长是进入虚空中了。

4. 毕达哥拉斯派主张有虚空存在，虚空把物体吸入虚空中，因而物体与物体能区分开。

第七节　虚空的含义

为了确定是否有虚空，首先应当了解“虚空”这个术语的含义。有人主张虚空是里面什么也没有的空间。有人认为物体是可触知的，可触知的东西必有轻重，不包含任何有轻重物体的地方就是虚空。有人提出里面没有任何有形实体的地方就是虚空，因此柏拉图派主张虚空是物体的质料。

如果这些是虚空的含义，那么这样的虚空是不存在的，因为没有任何物体的空间是不存在的。物体的运动也不需要以虚空为条件，物体是在有物体的空间中运动的。物体之所以收缩，那是因为它挤出了别的东西，比如水受到压力时挤出空气。物体之所以增长，那是因为它吸取了别的东西。总之，物体的缩涨只是它性质的变化，跟虚空没有关系。由此可见，驳斥虚空存在是很容易的。

第八节　与物体分离的虚空不存在

有人主张虚空是那种与物体分离的独立空间。按照他们的说法，虚空就是某种空间，既然他们把虚空看作空间，那么与物体分离的空间不存在的话，虚空也就不存在。

有人认为，如果有物体的运动，虚空的存在就是必然的。其实情况正好相反，如果有虚空，就不可能有运动，因为虚空里没有物体，哪来的运动呢？总而言之，与物体分离的虚空不存在，任何物体都存在于空间中，物体与空间不可分离。

第九节　物体内不存在虚空

有人认为，物体的收缩和膨胀与虚空有关。虚空作为微小的单位存在于物体中，收缩是物体挤出了虚空，膨胀是物体吸收了虚空。比如，一杯水变成蒸气，它的体积膨胀了，那是虚空进入了水中，反之，蒸气变成水，它的体积收缩了，这是挤出了虚空。这一观点是错误的，因为不管物体是收缩还是膨胀，它的质料并没有变。在根本上，水变成蒸气，蒸气变成水，它的质料始终是同一的，同虚空没有关系。

C　时间

第十节　关于时间的存在

下面我们来讨论时间问题，时间存在还是不存在，时间的性质是什么？

首先，时间的一部分是“过去”，过去已不存在；时间的另一部分是“将来”，将来尚未存在。过去和将来都是非存在，那么由两个非存在构成的东西，就不应该属于存在之列。其次，“现在”虽然是存在，但“现在”不能是时间的一部分，因为根据整体由部分组成的原则，时间不可能是由若干个“现在”所组成的。再次，“现在”仿佛是“过去”和“将来”的界限，那么我们就要分析，“现在”是“同一个”呢，还是“不同的一个”？

a. 假设“现在”是固定不变的同一个。但“过去”和“将来”都不是一段有限的时间，“过去”可以向前无穷推进，“将来”可以向后无穷推进，既然“过去”和“将来”都是无限的，无限就是不可限定，那么“现在”怎么可能是“过去”和“将来”的界限呢？并且，如果“过去”和“将来”可以并存，也就是说，“过去”和“将来”都存在于这同一个“现在”里，那么一万年前发生的事情就是“现在”发生的事情，这显然是不可能的。所以，即便“现在”是固定不变的同一个，它也不能成为“过去”和“将来”的界限。

b. 如果“现在”是不同的一个又一个，那么前一个“现在”必然被后一个“现在”所替代，“现在”是不能留存的，它不能留存，又怎么能成为“过去”和“将来”的界限呢？

至于说到时间的性质，柏拉图派认为时间是天体运动，毕达哥拉斯（Pythagoras）认为时间就是天体本身。如果时间是天体运动，天体是循环旋转的，但时间不是循环的。如果时间就是天体本身，天体有许多，就会有许多不同的时间。显然这些说法是荒谬的。另一个流行的说法是，时间是运动或变化。但每一个事物的运动变化只存在于事物自身，而时间却存在于一切地方。其次，变化总有快和慢，但时间没有快慢。可见，时间不等于运动。

第十一节　时间是什么

尽管时间不是运动，但它也不能脱离运动。因为如果我们的意识完全没有发生变化，我们就不会认为有时间过去了。因此，我们要以此结论为出发点来分析时间是什么。

如果在我们的意识里发生了某一运动，我们就会同时意识到有一段时间已经和运动一起过去了。运动是事物的位移，因此运动是连续的，时间通过运动来体现，时间也是连续的。连续就有前后，当我们感觉到运动中的前后时，我们才说有时间过去了。如此看来，时间是使运动成为可以计数的东西。正如运动是事物在各个点上依次地移位，时间是多个“现在”的连续，多个“现在”的连续相当于各个点的位移。既然时间是多个“现在”，那么时间就是数，是由数连接起来的一条线。由此可见，时间是关于前后相继的运动的数，并且是连续的。

第十二节　时间的属性

如果时间是一条线，那它在量上面就没有最小，因为线在理论上是永远可以一分为二的。时间本身没有“快慢”，只有“多少”和“长短”，作为连续体来说时间是“长短”，作为数来说时间是“多少”。

在任何地方，时间中的“现在”是同一的，“过去”和“将来”是不同一的，它们是前后关系。但时间中有些东西是反复的，比如年以及春夏秋冬等。我们一方面用时间来计量运动，另一方面用运动来计量时间。比如我们进行了长途跋涉，就说路途是长的，反之亦然。时间与运动的关系也如此。时间既计量运动，也计量运动的持续，因为运动是存在于时间里的。显然，一切事物存在于时间里也是如此，事物都是由时间来计量它们的存在的。

既然时间像“数”一样，数是无限的，那么时间就是无限的。

时间包裹着一切事物，时间比一切事物都要长久，一切事物都因时间的迁移而变化，因此时间是一个破坏性的因素。

既然时间是运动的尺度，它附带地也是静止的尺度，因为静止都是在时间里的。只有那些本性能运动而不实际运动的事物才能说是“静止”的。因此，凡没有运动和静止的事物都不在时间里，不在时间里的事物就是非存在。

第十三节　几个与时间相关的术语

“现在”是时间的一个环节，它联结着过去的时间和将来的时间。同时它又是时间的一个界限，把过去和将来分开，它是过去时间的终结，是将来时间的开始。因而，“现在”既起到分开作用，又起到联结作用，它既体现了过去与将来的区别，又体现了二者的联系。

此外，“现在”还指很近的时间。比如，“他现在就要来了”，这是指很近的将来；“他现在已经来了”，这是指很近的过去。

“某时”是一种与“现在”相关的时间。比如，“某时特洛伊被攻破”，这是指从过去“被攻破”到现在有过一段时间；“某时要发洪水”，这是指从现在到“发洪水”将有一段时间。所以，“某时”必须联系着现在来确定时间。

“马上”或“刚才”是指和现在很接近的时间。比如，问“你何时去散步”，答“马上”，这样的回答是指和现在很近的将来；问“你何时散步的”，答“刚才”，这样的回答是指和现在很近的过去。

第十四节　关于时间的进一步想法

一切变化和运动都在时间里。快和慢显示的是变化的速度，有快慢就有先后，先后是与“现在”相关的概念，既然“现在”在时间里，那么与“现在”相关的先后就在时间里。

时间是如何与意识发生关系的？意识能感觉到运动，而时间是运动的数，所以意识能感觉到时间。如果意识不存在，时间是否存在？没有意识就感觉不到运动，也就感觉不到时间。但是，运动始终存在，因而时间也始终存在。

时间是哪一种运动的数？时间是一切运动的数。在同一个时间里，有多个运动发生，是否意味着有多个时间？同时发生的多个运动既然在同一个时间里，时间就只是一个。时间是一，运动是多。这就好比有 7 条狗，还有 7 匹马，但“7”这个数字只有一个。

第五章

运动变化（上）

第一节　自身直接运动变化的事物

事物的变化有三种：1. 因偶性而变化，比如“有教养的人在走路”，意思是具有教养这种偶性的人在走路；2. 因某部分在变化而发生变化，比如，某人因肺病的痊愈而被认为是恢复了健康；3. 自身直接的运动变化，这是一种本性能运动变化的事物。我们暂且不讨论前两种变化，而是先着重讨论本性能运动变化的事物。

变化有推动者和变化者，有变化所经过的时间，有变化发生的起点和终点（变化所趋向的目的）。因此推动者、变化者和变化的目的三者是最重要的，没有目的的变化叫消亡，有目的的变化叫产生。我们暂且不讨论因偶性的变化，因为这种变化是任何事物都可能发生的，而自身直接的运动变化则不是任何事物都可能发生的，这种变化只存在于有对立关系的事物中。另外，对立关系中的“中介”也是值得注意的。什么是对立关系中的中介呢？比如，黑白两色对立时，灰色就是它们的中介。

我们首先确定运动就是变化，而一切变化都是由一事物变为另一事物，以此为基点，我们来分析运动变化。“有”和“无”是两个对立的范畴，有无的变化有四种可能方式：1. 由有到有；2. 由有到无；3. 由无到有；4. 由无到无。

第四种“由无到无”没有对立，没有对立就不是变化，也就没有运动。

第三种“由无到有”是变化，这种变化叫产生。但是“无”不是事物，所以第三种与上述基点不符合。

第二种“由有到无”是变化，这种变化叫消亡。但是这种变化的结果是“无”，“无”不是事物，所以第二种与上述基点也不符合。

如此看来，只有第一种“由有到有”的变化才是真正的运动变化。既然范畴分为：实体、质、量、空间、时间、关系、主动和被动，那么运动变化必然有三类——质的变化、量的变化和空间位移。

第二节　三类运动变化

我们要研究的运动变化，只限于有对立关系的事物。因此，实体、关系、主动、被动自身都没有变化，因为它们没有对立面。那么剩下的就只有质、量、空间三类运动变化，因为这三者都有对立面。质的变化叫质变，量的变化是增和减，空间的变化叫位移。

第三节　术语解释

事物在同一个空间里，它们被说成是空间上“在一起”。在不同的空间里，它们被说成是“分离”着。两事物的界限（外部边缘）在一起就是“接触”着。

事物的变化都有起点和终点，在这两者之间的阶段叫“中介”。任何变化的事物，在它们达到终点之前都要经过一个中介阶段。

如果事物在变化过程中没有中断，那叫“连续”，这个中断不是指时间上的中断，而是指内容上的中断。

事物处在确定的顺序位置上，并且没有同类事物夹在中间，这叫“串联”，比如“12345”这样的数字排列。

事物串联着又接触别的事物，它就是“顺接”。“连续”是顺接的一种，当事物的界限互相包容在一起时，我们说这些事物是连续的，比如铆合、胶合或有机统一。

第四节　什么叫“一个运动变化”

“一个运动变化”指的是：

1. 属于同一范畴的运动在“类”上是一个，比如所有的位移是一类，但质变和位移就不是一类。

2. 当运动不但同类而且“同种”时，此时它在“种”上是“一个运动变化”。比如，颜色有各种变化，变黑和变白不同种，但所有的变白是同种的。

3. 运动的主体、运动的内容、运动的时间必须是无条件的“一”。也就是说，在“一个运动变化”中，变化的主体不能改变，变化的内容始终保持一贯，不能是两种不同的变化。

4. 变化是连续的，中间没有中断。比如某物由白变黑，变化的主体必须是同一个物，变化的内容必须只能是由白变黑，没有其他变化参与。变化在时间上是连续的，没有中断。这样的变化才能称得上“一个运动变化”。

5. 如果运动变化完成了，我们说这是“一个运动变化”。有时变化尚未完成，但它在连续进行，我们也叫它是“一个运动变化”。

6. 除了上述几点，“均匀划一”的运动也被说成是“一个运动变化”。但运动变化的“不均匀”也时有发生，比如螺旋运动的线路不是均匀划一的，运动的速度有快有慢，但只要它是连续的，它就是“一个运动变化”。

第五节　运动的对立

比如说健康与疾病是两个对立的概念，由健康转变为疾病，或由疾病转变为健康，这是事物的运动变化。我们要研究什么样的两个运动是对立的，可以从以下几种运动变化的情况来分析：

1. 从健康出发的变化和趋向健康的变化；

2. 从健康出发的变化和从疾病出发的变化；

3. 趋向健康的变化和趋向疾病的变化；

4. 从健康出发的变化和趋向疾病的变化；

5. 从健康趋向疾病的变化和从疾病趋向健康的变化。

首先，“4”不是对立，因为“从健康出发的变化”通常更倾向于说明由健康转变为疾病，这与“趋向疾病”在语义上有相近之处，只不过说法不同而已。

其次，“2”不能算对立，因为“从健康出发的变化”就是走向疾病，“从疾病出发的变化”就是走向健康，两者都是走向对方或者向对方靠拢，所以它们不是对立。并且，无论“从健康出发”走向疾病，还是“从疾病出发”走向健康，都要先到达中间阶段即“亚健康”，既然都走向亚健康，从这个意义上看，它们也是在互相靠拢，而不是互相对立。

再次，“3”和“5”虽然表达方式不同，但意思是相同的，或者是由健康走向疾病，或者是由疾病走向健康。那么它们同“2”的情况一样，都是向对方靠拢，而不是互相对立。

由此看来，只有“1”是对立的，因为“从健康出发的变化”就是由健康转变为疾病，“趋向健康的变化”就是由疾病转变为健康，它们是两个不同方向的转变，所以它们是对立的。如果一个运动是从“这”到“那”，另一个运动是从“那”到“这”，那么这两个运动就是对立的。

第六节　运动和静止的对立

不仅运动与运动有对立，运动与静止也是对立的，因为静止就是运动的缺失。运动总是发生在两个肯定的事物“甲”和“乙”之间，从甲趋向乙的运动如果在甲处停留，那就是静止，这个静止对立于从甲趋向乙的运动。

反之，从乙趋向甲的运动如果在乙处停留是静止，这个静止对立于从乙趋向甲的运动。由此看来，不仅运动与静止是对立的，静止与静止也有对立。比如，健康的静止与疾病的静止是对立的，健康的静止是不再康复，疾病的静止是病情不再恶化下去。凡是没有对立者的事物就不能有运动。

第六章

运动变化（下）

第一节　事物不可能是由点合成的

“连续”“接触”“串联”这些术语的定义前面已经讲过了。

1. 如果事物的界限（外部边缘）只是一个，它们就是连续的。

2. 如果两个事物的界限在一起，它们就是接触的。

3. 如果两个事物之间没有同类事物夹在中间，它们就是串联的。

那么我们必须说，事物由不可分的点合成是不可能的，线由不可分的点串联而成也是不可能的。因为事物永远可分为更小的部分，线永远可分为更短的线段，不会分到最后出现不可分的点。上述论证同样适用于量、时间和运动变化。量和时间永远可分这容易理解，但运动变化永远可分则需要解释。

第二节　连续者皆无限可分

我们在前面已经说过，连续的事物可以无限分割。我们把事物的量变看作事物变化的过程，那么假设甲比乙变化得快，在同一段时间里，甲已经从A变化到B，而乙还只在A和B的中间位置，落后一段距离，那么表明在同一段时间里甲通过了较大的变化量，或者说，甲比乙的变化量更大。根据这个道理，我们可以说：

1. 变化较快的事物在相等的时间里通过较大的量；
2. 或变化较快的事物在较短的时间里通过同等的量；
3. 或变化较快的事物在较短的时间里通过较大的量。

这三种说法是相同的。既然运动变化都发生在时间里，运动变化是连续的，那么时间必然也是连续的，进一步来说，量就应是连续的。运动变化、量、时间都是连续的，那么它们都是可以无限分割的。

第三节　“现在”是不可分的

现在就是当下，当下没有确定性，每一秒钟都是当下，这似乎表明有许多个“现在”，但实际上“现在”只有一个，当后一秒的“现在”出现时，前一秒的“现在”就被替代了。“现在”是过去和将来的界限（分界线），它既是过去的终结，也是将来的开始。所以，“现在”必然是同一个，并且是不可分的，其理由如下。

假定“现在”是不同的“两个”，一个属于过去，一个属于将来，因为“现在”是不可分的，不可分的东西是不能串联的，这样时间就不是连续体了。

假定“现在”是不同的两个，两个“现在”之间就会夹着一段时间，时间是无限可分的，这样“现在”就会变成可分的了。

“现在”既然是过去和将来的界限，它就身兼两职，一部分是过去，一部分是将来。如果“现在”是可分的，过去和将来各得一半“现在”，过去里就会有一段将来，将来里就会有一段过去，这是违背时间逻辑的。

因此，结论是“现在”必然是同一个，并且是不可分的。由此可见，时间里确有一种不可分的东西，我们把它称为“现在”。

“现在”里没有任何运动变化。如果在“现在”里有运动变化，运动必有快和慢，慢的变化走完一段路程，那么快的变化走完同样路程的时间就会小于“现在”，这样“现在”就不是同一的时间。因此，在“现在”里不能有运动变化。

在“现在”里也没有任何静止。因为唯有不运动变化的事物才被说成是静止，既然“现在”里没有运动变化，也就谈不上在“现在”里有静止。

第四节　运动变化皆可分

运动变化必然是可分的，因为运动就是从起点到终点的变化，起点是变化的开始，终点是变化的完成。运动变化中的事物必然是处在起点和终点的中途，比如从“白”变为“黑”，中途总要经过介于白与黑之间的过渡色的过程——“灰”。

运动变化是可分的，有两个根据：一是根据运动事物的各部分的运动，二是根据时间。假设运动是A经过B到C的过程，那么它就分为A到B和B到C两个部分，即“A-B”和“B-C”，这两个部分又可以无限再分，所以运动是可分的。另外，运动变化也可以根据时间来分。因为一切运动变化都发生在时间里，时间是可分的，那么任何运动变化都可以根据时间来分。

量、时间、运动变化都是可分的，并且它们是无限可分的，后面我们会说到这种无限性。

第五节　变化完成者已在目的处

任何一个变化者都是从一事物变为另一事物，变化一经完成，它就必然地在目的处，成为另一事物了。生成与消亡最能说明问题，生成是从无到有的变化，消亡是从有到无的变化。变化者在它变化完成的第一瞬间，就已经是它所变成的事物了，这个第一瞬间必然是不可分的。

事物变化的第一瞬间有两种含义：一是变化完成的第一瞬间，二是变化开始的第一瞬间。完成的第一瞬间是有的，开始的第一瞬间是没有的。如果有“变化开始的第一瞬间”，那么它是可分的还是不可分的？这个第一瞬间实际上就是由静止转为变化，如果它是不可分的，第一瞬间就是同一个东西，既是静止又是变化，这怎么可能呢？如果它是可分的，它的每个部分必然都是“变”，而且这个部分又是无限可分的，每个部分都是变，它就不是第一瞬间，而是连续的时间。所以说，变化完成有第一瞬间，变化的开始没有第一瞬间。

第六节　在时间的各分段里都有变化

既然变化都发生在时间里，事物就是在时间里变化的。变化是一个过程。有人认为在变化的过程中，前面一大段时间都是在酝酿，只在最后的一瞬间才发生变化，那是错误的。一瞬间也是一个时间段，如果我们把它分为前后两段，前段是静止，后段突发变化，这怎么可能呢？所以说，在事物变化的整个过程中，每时每刻都有变化。上述论断在量方面更为明显，事物的变化所通过的量是连续的，量可以分为无数个的部分，说明每一部分都有变化。

变化可以由时间来显示，也可以由量来显示，无论是时间还是量，都是无限可分的，这就是我们要说的无限性。

第七节　有限与无限

时间、运动、量是无限的，时间可以无限地延伸，运动可以不断地反复，量可以无限地分割，这是它们的无限性。

但一个事物的运动变化是有限的。运动变化是一个过程，假设这个过程是从 A 到 B，那么到达 B 就表明变化已经完成，所以运动变化的过程是有限的。运动变化的过程用时间来表示，既然过程是有限的，那么这段时间也是有限的。运动变化是量变，如果变化的时间是有限的，那么变化的量也是有限的，这是运动变化速度、变化时间和变化量的有限性。

第八节　静止与趋向静止

既然任何事物不是在运动着就是静止着，那么趋向静止的事物在它趋向静止的时候必然在运动着，也就是说，趋向静止也是一种运动。什么是静止？静止就是变化在原地踏步，不再产生新的变化。那么事物静止的第一瞬间也是没有的，也就是说，事物在变化着，突然在某一瞬间停止变化，这种瞬间是没有的。事物在时间中运动变化着，这个时间可以分为许多部分，每一部分的变化都在变得缓慢甚至原地踏步，最终导致静止。总而言之，静止与运动一样，在静止的过程中，每一部分都在做趋向静止的运动。

第九节　驳斥芝诺的悖论

巴门尼德认为“存在是一”“存在是静止的”。同样，他的学生芝诺（Zeno）提出了著名的四个悖论，以反对物体是运动的。

第一个是“二分法”。物体的运动总是从一点走到另一点。比如从 A 点到 B 点有 100 米距离，如果一个人要从 A 点到 B 点，他必须先要完成全程的一定距离，比如完成一半距离即 50 米。要完成 50 米，他必须先完成这 50 米的一半即 25 米。要完成 25 米，他必须先完成这 25 米的一半 12.5 米……如此类推，乃至无穷。这样计算下来，从 A 点到 B 点之间可分割的距离是无限的，因而他永远也到不了目的地。芝诺在这里犯的错误是，他只看到距离是无限可分的，但他没看到从 A 点到 B 点的距离是有限的。

第二个是“阿基里斯追乌龟”。阿基里斯（Achilles）是希腊跑得最快的英雄，乌龟爬得最慢，芝诺要证明阿基里斯永远也追不上乌龟。阿基里斯在乌龟后 100 米，当阿基里斯跑完 100 米时，乌龟往前走了 1 米，当阿基里斯跑到 1 米处时，乌龟又前进了 1 厘米……如此类推，以至无穷，他们之间永远存在着无限可分的距离，所以阿基里斯永远也追不上乌龟。这个论证与“二分法”是一回事，芝诺没看到距离是有限的。

第三个是“飞矢不动”。芝诺声称任何物体都占有自己的空间，不占有空间的物体不存在，超出自己空间就意味着这个物体的毁灭。倘若如此，当我们把箭射出去后，这箭究竟在运动还是不运动？由于箭必须占有自己的空间，且不能离开自己的空间，所以运动着的箭实际上并没有运动。芝诺的错误在于，他把时间当作是由“现在”合成的，由于“现在”中没有运动，所以箭是不动的。但时间不是“现在”的合成，时间是流动的，因而箭在时间中也必然是运动的。

第四个是“运动场”。由于这个悖论要用图来解释，这里不做分析。

总而言之，芝诺坚持认为存在是静止的。但亚里士多德驳斥了芝诺的观点，认为一切事物都是运动的。

第十节　不可分的事物无运动

通过上述论证后我们可以说，不可分的事物是不能运动的，因为任何事物都是在时间里运动，而时间是可分的。

任何变化都不是无限的，因为任何变化都是由一物变到另一物。因此在矛盾变化里肯定和否定互相限制；在对立变化里，对立的双方互相限制；在量的变化里，增和减互相限制；在位移的变化里，两个不同的位置互相限制。因此，变化不是无限的。只有一个例外，那就是圆周运动。

第七章

第一推动者

第一节　运动者皆有推动者推动

凡运动着的事物必然都有推动者在推动着它运动。推动的根源要么来自自身，要么来自他物。被自身推动着的事物，人们常常因为看不清哪一个是推动者哪一个是被推动者，因而不说它是被什么推动。如果一个事物由于外在的原因而运动，那么它的运动必然有一个推动者。任何运动着的事物都有一个推动者，推动者还有推动者，这样追溯上去，必然有一个第一推动者，证明如下。

如果没有第一推动者，A 推动 B，B 推动 C，C 推动 D……那么这个推动的序列必然是无限的，而且每个推动者的运动必然是同时的。但是，每个推动者的运动都是有限的，所经过的时间也是有限的。既然每个运动都是同时的，A 的运动与所有推动者的运动就是同时的，但 A 的运动时间是有限的，因此就会有一个无限的推动序列在有限的时间里，而这是不可能的。所以必然有一个第一推动者，它推动其他物体运动，但自身不被推动也不运动。

第二节　推动者和被动者直接接触

推动者和被动者必须是直接接触的，所谓“直接接触”就是两者之间不夹任何东西，这是对一切推动和被动都普遍适用的真理。运动有三种：空间运动、质的运动和量的运动。那么推动也有三种：使他物位移、使他物发生质变，以及使他物发生量变。

任何物体的运动，要么是被自身推动，要么是被别的物体推动。凡是被自身推动的事物，推动者和被动者是一体的。凡是被他物推动的事物，引起位移和位移者之间，引起质变和质变者之间，引起量变和量变者之间，是没有任何东西夹着的。

位移有四种方式：推、拉、带、转。如果朝着他物推并使他物跟着前行的叫“推进”，如果朝着他物推但不使他物跟着前行的叫“推开”。拉是推合，拉有拉向自身，也有拉向他物。一个物体附随着另一个物体运动的现象叫“带”。拉和推的合成的现象叫“转”，因为使一个物体旋转，一方面是使转动者的一部分离开自身，另一方面是使它的一部分趋向自身。

第三节　质变皆属于可感知性质

事物发生形式变化不是质变。比如，我们用铜做雕像，用蜡做蜡烛，铜和蜡的形式发生了变化，但它们的质料并没有发生变化。因此，形式的变化不是质变。

状况的变化也不是质变，因为状况有优劣之分，无论优还是劣都不是质变，优是一种良好的状态，劣是一种不良的状态。

因外界环境的影响发生的变化只是一种关系变化，不是质变。比如，外界环境的冷热导致我们发生一系列变化，比如健康的变化、精神状况的变化等，这些都属于关系变化，而不是质变。

质变必须是被可感知的因素引起的，质变只出现在可感知的事物里。

第四节　运动的相互比量

可能有人会提问：是不是所有的运动都可以互相比量？假

设在相等的时间里一个事物在质变，另一个事物在位移，我们能不能因为时间是相等的，就把质变与位移看作等量的？再假设在相等的时间里，一个人跑完了圆弧线，另一个人跑完了直线，因为时间是相等的，我们就说直线和圆弧线相等？显然这样的想法是荒谬的。我们不能说所有的运动都是可以互相比量的。

我们可以说马和狗哪一个比较白，或者说马和狗哪一个比较大，因为它们都是动物，它们是同种的，所以它们的属性是可以比量的。但是，属性也有不同种的，比如“甜”这个属性，水有点甜和歌声的甜美显然是不同种的。

由此可见，如果事物的种和属性都是同种的，它们是可以比量的，如果事物的种和属性都不是同“种”，它们是不可以比量的。因此，我们必须研究运动的“种”的不同是怎么一回事，也必须研究质变有哪些“种”。

第五节　运动的比例

既然推动者使一个事物运动总是在一段时间里完成一定的距离，因此我们假设，A 是推动者，它的推力是 40 公斤，B 是被推动者，它重 40 公斤，C 是推动的距离，它是 10 米，D 是完成的时间，它是 10 分钟。那么在 10 分钟内，A 将会推动半个B（20公斤）走完两个10米，或者推动半个B（20公斤）走完10米只需要半个D（5分钟），因为它们是合比例的。

但是，用整个的力推动事物走完一段距离，不见得用一半的力就能推动同样重的事物移动1米，也就是说，用40公斤的推力推动40公斤的物体移动2米，不见得就能用20公斤的推力推动40公斤的重物移动1米。同样道理，10个纤夫合力能拉动船行进10米，这10米距离是可以均摊到10个纤夫的，但不等于1个纤夫就可以拉动船行进1米。

那么质变的情况也同样如此。在一定的时间里发生一定程度的质变，在一半的时间里发生一半程度的质变，在双倍的时间里发生双倍的质变。但是，如果引起质变的动力在量上只有一半，并不一定会引起事物一半的质变，很可能它根本不能引起任何质变，正如一半的推力根本无法造成重物移动一样。

第八章

第一节　运动的永恒性

所有的自然哲学家都承认运动是存在的，因为没有运动就没有事物的生成和消亡。但是，运动是产生的，还是本来就存在的，也就是说，运动是不是永恒的？

我们首先确定，运动必须以事物存在为先决条件。那么这些事物只有两种可能：（a）它们原先是不存在的，是在某个时候生成的。（b）它们一向都存在。假设它们是生成的，那么在生成之前必定发生过生成事物的运动。如果它们一向存在，那么是什么促使它们存在？答案只能是运动。既然促使事物生成的是运动，促使事物存在的也是运动，那么运动就是永恒的。此外，如果认可时间是运动的参数，那运动必然也是永恒的。

第二节　反对者的观点

现在我们来看看反对者的观点。反对意见概括起来有三点：

1. 任何变化都是由一事物变到另一事物，因此任何变化都有两个互相对立的“限”，没有任何事物能无限地运动。

2. 一个静止的事物能在某一个时候运动起来，因此事物就应该永远运动，或者永远静止。

3. 动物在某个时候是完全静止的，在某个时候又能在没有外来因素的影响下运动起来，如果这种情况能够发生于动物，为什么不能同样发生于一切事物呢？

我们先解决第三个问题，其他问题放在下面几小节来解决。表面上看似乎静止的动物，其实它体内一直有器官在运动着，因而不能说动物在某个时候是完全静止的。

第三节　时动时静者是有的

我们必须分析下列三种情况中哪一种是正确的。

1. 一些事物永远静止；

2. 一些事物永远运动；

3. 一些事物在静止和运动两种状态之间转换。

第一种观点显然是错误的，因为所有哲学家都认可事物是运动的。第二种观点也近似错误。因为事物的运动无非是量的增减、质的变化和位移，但是量的增减和质的变化不可能是无限的，位移到达一个位置后必然要停止，所以第二种观点是不可能的。那么就剩下第三种观点，它是我们要证明的。

第四节　运动者皆被推动

运动有两类：一类是因偶性运动的，一类是因本性运动的。先说前者，比如重物的偶性是“重”，所以它往下坠落；空气的偶性是“轻”，它被充入皮囊，就会使皮囊往上浮起，这样的运动都是由偶性推动的。再说后者，如动物的运动是因为本性的，即它的生命力推动自己运动。另外，潜能也是一种推动力，一事物具有某种潜在的质，它就会成为某种事物，一事物具有某种潜在的量，它就会伸展到应有的量，这种潜能向现实的转变就是推动。由此可见，任何运动着的事物都是被一个推动者推动着运动的。

第五节　第一推动者不运动

每一个运动的事物都有一个推动者推动它运动，推动者之外还有推动者，这样追溯上去，必然有一个第一推动者。这个第一推动者是不被别的推动者推动的，那么它应该是自身运动的。现在我们就来分析这个“自身运动”的可能性。

运动就是发生变化，如果第一推动者是自身运动的，表明它正在发生变化，正在发生变化的东西就是尚未完成的，尚未完成的事物就不能是第一推动者。因此第一推动者不能是运动的。

那么有没有这种可能，第一推动者自身内有某一部分是运动的，这个部分推动整体运动呢？如果有这种可能，那么真正的第一推动者就只是那个部分。所以结论是，第一推动者是不运动的。

第六节　第一推动者是永恒的和唯一的

动物的灵魂是一个自身不动的推动者，它推动身体运动。但是动物不是真正的自我推动，动物的呼吸、进食等都与外界环境有关，所以推动动物运动的源头还是外来的。由此看来，必然有一个自身不动的、能推动其他事物运动的第一推动者。这个第一推动者应该是永恒的、唯一的，因为运动是永远在发生的。

那么为什么被推动的事物有时运动有时静止呢？假设第一

推动者 A 推动事物 B，B 推动 C，C 再推动 D，A 推动 B 是一种方式，但 B 推动 C 的方式就可能是另一种，C 推动 D 的方式又有改变，推动是连续的，但推动的方式是不相同的，所以被推动的事物有时是运动的，有时是静止的。

第七节　位移是基本的、第一的运动

如果运动是永恒的，如果某一特定运动是先于一切运动的，那么它就是第一推动者所发起的运动。所以我们必须研究，哪一种运动是先于一切的运动。运动有量的变化、质的变化、位移的变化。在这三种运动中，位移必然是先于一切的。比如动物吃下食物，食物必须先变成与动物相同的东西（比如蛋白质），动物才能吸收。质变就需要有一个引起质变者，引起质变者与事物之间的距离越来越靠近，才能引起质变，而这就是位移。其次，质变被公认为是聚集和分散，它们是导致事物生成和消亡的合与分，而合与分就是空间中的位移。因此，如果永远有运动，也就必然永远有位移先于一切的运动。

既然运动必须是连续的，除了位移没有任何别的运动是连续的，因此位移必然是第一的。此外，事物必须是生成后才能运动，事物的生成要靠第一推动力，而第一推动者所能做的唯一的运动就是位移。再者，位移是唯一不引起事物本质属性改变的运动。所以，位移是最基本的、第一的运动。

第八节　唯圆周运动能连续而无限

如果说有某种无限的、单一的和连续的运动存在，那这个运动就是圆周旋转。位移运动不外是圆周形、直线形和螺旋形三种，螺旋形是前两者的混合，因为它既是圆周运动，又是向一个方向前进的直线。直线形和螺旋形运动都不能是连续的，因为这两种运动到达终点就要折回，而折回必然发生停留。

由此可见，那些主张所有事物永远运动的自然哲学家是错误的。除了圆周运动外没有任何运动能连续，无论是质变还是量变都不能连续，因此除了圆周旋转外，没有任何变化是无限的。

第九节　圆周运动是第一位移

圆周运动是第一位移，这是很明显的。直线运动不可能是无限的，因为没有无限长的直线。并且，直线运动如果发生折回，实际上就是两个运动，如果不发生折回，就是可消亡的运动。直线运动有确定的起点和终点，而圆周运动的任何一个点都既是起点又是终点。因此，球体在自转时，在某种意义上既是连续运动，又是静止，因为它占有的空间始终是同一个。圆周旋转是无限的。

至此我们已经论证了：运动过去一向存在，今后还将永远存在；什么是永恒运动的源头；什么是第一运动；什么运动是唯一能永恒的运动以及第一推动者自身是不动的。

第十节　第一推动者没有量，在球面上

现在我们要来证明，第一推动者是不可分的，也是没有量的。在证明这个之前，先要做几个预证明。

首先证明有限事物不可能进行无限长时间地推动。假设 A 和 B 都是有限事物，A 推动 B 运动，A 的推力总会耗尽，因此有限的事物不可能进行无限长时间的推动。这表明第一推动者不能是有限事物。

其次证明有限的量不可能具有无限能力。具有有限量的事物属于有限事物。假设无限能力推动某物行走一段距离要 1 分钟，我们在一个有限能力上不断加上有限能力，使得它推动某物行走同样一段距离也只要 1 分钟，但这是不可能的。如果可能的话，将会得出荒谬的结论，即有限的不断相加会等于无限。所以说，有限事物具有无限能力是不可能的。这表明只有第一推动者才具有无限能力。

最后证明无限的量不可能只具有有限能力。具有无限量的

事物属于无限事物。通常的情况是事物的量越大，它的能力也越大。假设 A 推动某物行走一段距离需要 10 分钟，如果将 A 的量扩大一倍，它走完这段距离就只要 5 分钟。量增加一倍，时间缩短一半。但是，无论量怎么扩大它还是有限的量，时间再怎么缩短，它还是一段有限的时间，有限与无限是不能相比较的。所以说，无限事物只具有有限能力是不可能的。这表明第一推动者的能力是无限的。

现在我们假设，第一推动者是 A，A 推动 B 运动，B 推动 C 运动，C 又推动 D 运动，这个“系列”越往后延伸，推力将变得越来越弱，推力的减弱意味着量的衰减，系列最后的那个事物必将不再有推力，它自身的运动也会停止。但实际上我们看到的事物都在连续地发生运动变化。这表明第一推动者是没有量的，因为没有量，它才不存在量的衰减。

第一推动者必定自身是不发生运动变化的。因为如果它发生运动变化，必定有另一个推动者在推动它发生运动变化，那么它就不是第一推动者。正因为第一推动者自身是不运动变化的，所以它同被推动者的关系才不会有改变，才能连续地推动被推动者。这表明第一推动者自身是不运动的。

上一节说到圆周旋转是无限的，所以第一推动者必然在球心或者在球面上。但是，离第一推动者最近的事物运动最快，而球面上的运动是最快的，所以第一推动者是在球面上。

确定了上述论点之后我们可以看得很清楚，第一推动者是不可分的无限事物；第一推动者具有无限的能力，它推动一个永恒的运动，使它无限地持续下去；第一推动者是没有任何量的；第一推动者自身是不运动变化的；第一推动者是在永恒旋转的球面上的。

Metaphysics
《形而上学》

第一章

第一节

所有人在本性上都愿求知。在人的五种感觉中，人尤其喜爱视觉，因为在所有感觉中，视觉最能揭示各种事物的区别。

动物由于本性都生而具有感觉能力，它们之中有些能从感觉产生记忆，有些则不能。能产生记忆的动物更聪明而擅于学习。动物都凭表象与记忆而生活，只有很少的动物能获得经验。但是人通过记忆获得经验，通过经验获得技术。

经验与技术不同，经验只对个别有效，技术则对全体有效。经验“只知道”特殊，技术才“知道”普遍。有技术的人比有经验的人更智慧，因为有经验的人只知其然，有技术的人则知其所以然，即知道原因。知其然不能教导别人，知其所以然才能教导别人。就技术而言，有的有用，有的无用，与前者相比，后者更加智慧，因为它探索的是事物的初始因或本原。

很显然，智慧就是关于初始因和本原的知识。

第二节

智慧是关于初始因和本原的知识，探索初始因或本原的科学就是哲学。

哲学源自惊奇，由于惊奇，人们才开始哲学思考。哲学纯粹是为了认知，而不是为了任何实用的目的，所以哲学是唯一自由的科学。基于这个理由，我们说哲学是神圣的。神圣有两层含义：或者它为神所有，或者是对神圣东西的知识。只有哲学才符合以上两个条件。

第三节

我们必须寻求事物的初始因，因为只有认识了事物的初始因，我们才能说认识了事物。构成事物的原因有四种：形式因，即事物的本质；质料因，即构成事物的元素；动力因，即促使事物变化的动力；目的因，即事物都趋于自身的完善。

早期的哲学家大多认为，质料是构成事物的唯一本原，所有事物出质料构成，事物消亡后又回归质料。所以他们认为，既没有什么东西被生成，也没有什么东西消亡，因为质料是永远存在的。泰勒斯（Thales）认为万物的本原是“水”，阿那克西美尼把“气”看作本原，赫拉克利特说本原是“火”，恩培多克勒又加了一个“土”，他认为万物的本原有四种，即水、火、土、气。阿那克萨戈拉认为，万物是由微粒构成的，微粒是无限多的。这些哲学家都把质料因看作构成事物的唯一原因。

但是，质料自身是不会变化的，是什么原因造成事物的生成和消亡呢？于是有些哲学家提出了动力因，他们认为是运动导致了质料发生变化，并且将“火”视作推动质料变化的原因。这样，事物的原因就有了两个：质料因和动力因。

第四节

恩培多克勒提出“友爱”和“争吵”是事物的原因，“友爱”产生凝聚，是善良事物的原因，“争吵”产生分散，是邪恶事物的原因。他还把水、土、气归为一类，它们属于质料因，把火视作一类，它是动力因，火作用于水、土、气，使它们发生变化。

德谟克利特则把“实”和“空”看作事物的原因，实就是存在，空就是非存在。虽然这两位哲学家没有深入分析动力因，但至少他们对事物的本原看法由质料因转向了动力因。

第五节

毕达哥拉斯派研究数学，他们认为数学原理是所有事物的原理，因而数是万物的本原。该派中的阿尔克迈翁（Alcmaeon）认为，本原有十对，即有限与无限，奇数与偶数，一与多，左与右，雄性与雌性，静止与运动，直线与曲线，光明与黑暗，好与坏，正方形与长方形。毕达哥拉斯派的功劳是预感到了对立的概念，对立是事物的原理。但他们还是把这些元素列入质料项之下。巴门尼德似乎比他们更有洞察力，他宣称存在存在，非存在不存在。从早期的哲学家那里，我们能够学到的就是这些。

第六节

接下来是苏格拉底哲学和柏拉图哲学。苏格拉底（Socrates）专注于伦理学，他在伦理问题中寻求普遍性，也就是给伦理问题下定义，比如什么是美，什么是善等。柏拉图青年时代接受了赫拉克利特的学说，即一切感性事物永远处于“流变不居”状态，对它们不可下定义。在赫拉克利特和苏格拉底双重影响下，柏拉图认为定义只能针对非感性事物，这个定义就是理念。万事万物都“分有”了理念，因而与理念同名，如实际的山和桌子分别分有了“山”和“桌子”的理念。毕达哥拉斯派说事物是模仿数，柏拉图则说事物分有了理念，这是他们的不同之处。很明显，柏拉图也只使用了两种原因，即形式因和质料因，理念就是形式因。

第七节

以上我们简单回顾了早期哲学家关于原因或本原的各种说法，他们没有一个人超出亚里士多德在《物理学》中提出的四因说。除了柏拉图，其他人都把构成事物的原因归之于质料。柏拉图的理念比较接近形式因，但他不认为理念是动力因，因为他的理念是静止状态的。早期哲学家也谈到“善”，但他们不认为完善是事物的目的因。因而我们有必要进一步分析这些早期哲学家的观点，以及他们对待原因时出现的困难。

第八节

柏拉图之前的早期哲学家的错误在于：

1. 他们仅仅设置了物质性的元素，没有对非感性事物的元素加以探讨。

2. 他们抛开了对运动原因的研究，即使设置了变化，也不谈质的变化。

3. 他们没有设置“实体”即事物的本质作为事物的原因。

4. 毕达哥拉斯派虽然涉及了非感性事物，设置了“数”为原因，但他们没有解释“数”为何能成为事物的原因，特别是“数”与事物运动变化的关系。

总而言之，这些哲学家们探索事物的原因没能超出亚里士多德在《物理学》中已经谈论过的四个原因，但他们的思想为探讨原因提供了有用的借鉴。

第九节

这一节是对柏拉图理念论和柏拉图派的批判。

1. 理念的种类

柏拉图认为事物的本质就是同类事物的共相，他把这个共相叫作“理念”或“形式”。凡是同类事物都有一个共同的“理念”，比如，所有的树都有一个“树”的理念。这样，就有以下几种理念：a. 伦理或美学的概念，如“真”“善”“美”“恶”“勇敢”“怯弱”等；b. 自然的概念，如人、马、石头等；c. 由数量关系引出的理念，如大和小、高和矮、多和少等；d. 范畴意义上的理念，如存在和非存在、动和静、同和异、绝对和相对等；e. 人造物，如房子、桌子、椅子等；f. 关于数学还发展出“理念数”。

由于理念所指的标准不同，就产生出分歧。比如，“关系”

范畴不是独立的实体，它们只是两个实体间的关系（如“上”与“下”）。关系范畴有没有理念？再比如，否定的卑微的东西，如污泥、秽物等有没有理念？

2. 理念的性质

a. 唯一性。一类事物只有一个理念，桌子有许多，但桌子的理念只有一个。

b. 客观性。柏拉图把理念与感性事物分开，理念是客观存在，感性事物是分有或模仿了理念才存在。

c. 绝对性。理念是绝对的，感性事物是相对的，比如，美的理念就是绝对的美。

亚里士多德对柏拉图理念论进行分析和批判，因为柏拉图认为：

a. 否定性的东西如污泥、秽物等也有理念。

b. 可消亡事物也有理念，比如一栋房子被大火烧毁，但它的形象依然留在我们脑中。

c. 关系范畴也有理念。

d. 有一个“人”的理念，所有现实的人都是分有这个理念产生的。按照这种理论，在理念和现实的人之间就有一个共性，它是现实的人所分有的，这就产生了“第三人”。如此推演下去，还会产生“第四人”“第五人”，这就形成了无穷后退。这是理念论“分有说”产生的问题。

3. 柏拉图理念论中的矛盾

a. 柏拉图认为理念是绝对的，感性事物是相对的，理念在先，因此“绝对先于相对”。但是，柏拉图为了解释事物的运动变化，提出了一个相对概念，如多与少、轻与重、长与短、大与小等，他称之为“不定的二”。柏拉图认为，理念是“一”，“不定的二”是事物运动变化的源泉，它是在先的。这样就出现了“相对先于绝对”。这显然是柏拉图理念论中的矛盾。

b. 所有事物都是实体，如果说事物是“分有”了同名的理念，那么理念应该是实体。但是柏拉图的理念与事物是分离的，理念是绝对静止的，一个与事物分离的静止的理念，怎么能是事物运动变化的原因呢？

总而言之，亚里士多德反对理念与感性事物可分离的看法，这是亚里士多德与柏拉图最大的分歧。

第十节

这一小节是对第一章的小结，重在指出如下三点。

1. 早期哲学家对原因的探索，没能超出亚里士多德在《物理学》中已提出的四种原因。

2. 早期哲学家对原因的探索是简单的。

3. 下一步我们将讨论关于这四种原因可能会出现的困难。

第二章

第一节

哲学就是探索真理，但是离开原因我们就不知道真理，所以探索真理就是寻找事物产生的原因，我们不能抛开原因来谈论知识和认识事物。

第二节

原因是一个系列，B 是 C 的原因，A 是 B 的原因，原因还有原因，但是这种往前追索不能是无限的，总有一个初始因。

目的是事物发展的终点，比如橡树种子的目的是长成一棵橡树，橡树就是种子的终点，所以目的就是事物的终极因。终极因在数量上只能有一个，我们认识了终极因，也就认识了事物。

因此，事物的“原因系列”，无论是向前追索还是向后发展，总有一个开端和终结，它不可能是无限的。如果这个系列是无限的，我们就不可能有知识，人怎么可能认识无限的东西呢？

此外，原因的种类在数目上也不可能是无限的，如果它是无限的，我们也不可能有知识。

第三节

教师讲课，学生听课。教学能否产生效果，这取决于学生接受知识的习惯。有些学生习惯于数学方法的讲解，有些习惯于举例的讲解。

数学是精确的，但它是没有质料的抽象形式，而自然界是有质料的。我们要研究自然是什么，就要研究构成事物的原因。

第三章

第一节

亚里士多德在这一小节中列举了14个问题，这些问题都是当时在柏拉图学园里颇有争议的。这14个问题如下。

1. 原因的研究是一门科学还是属于多门科学？

2. 研究原因的哲学，应当仅研究实体的第一原理，还是也研究靠第一原理来证明的其他原理？

3. 研究实体是靠一门科学，还是靠多门科学？

4. 是否只有可感觉的实体才是存在？

5. 哲学研究仅关于实体，还是也涉及属性？

6. 事物的本原究竟是共相，还是元素？

7. 如果共相是本原，那么本原是共相的种呢，还是直接表述个体事物的属？

8. 有没有离开个体事物的种存在？

9. 本原在数目上还是在种上是“一”?

10. 可消亡的事物与不可消亡的事物，它们的本原是相同的吗？

11. “一”和“存在”是事物的实体吗？

12. 本原是普遍性还是个体性？

13. 本原是潜在地存在，还是现实地存在？

14. 数、点、线、面、体是实体吗？如果它们是实体，它们是与感性事物分离的，还是呈现在感性事物中的？

第二节

关于第 1 个问题，原因的研究属于一门科学还是属于多门科学？

同一个事物可能有几种原因，比如一座房子的动力因是建造者，目的因是它要实现的功能，质料因是土和石头，而形式因是它的定义。乍一看，原因的研究应该属于多门科学。

关于第 2 个问题，研究原因的哲学，应当仅研究实体的第一原理，还是也研究靠第一原理来证明的其他原理？

哲学研究的是实体的第一原理，第一原理是公理，公理是不证自明的，而其他所有科学的原理都要靠这个第一原理来证明。所以，哲学只研究实体的第一原理。这也回答了第 1 个问题，原因的研究只属于哲学。

关于第 3 个问题，实体的研究属于一门科学，还是属于多门科学？

实体都有它的属性，每一门科学只研究实体的特定属性，比如伦理学研究真善美，数学研究多与少，几何学研究点、线、面、体，唯独哲学研究实体本身。所以，实体的研究只属于哲学，而不属于多门科学。

关于第 4 个问题，是否只有可感觉的实体才是存在？

柏拉图派认为，理念也是实体，是实体就是存在。甚至他们还认为，理念与感性事物之间有一个“共性”，这个共性也是存在。如果这样的话，就会面临许多困难。按照理念论的说法，在线的理念和现实的线之间，有一个共性的线；在动物的理念和现实的动物之间，有一个共性的动物。这不是很荒唐吗？也有人说，这个共性与感性事物是不分离的，它就在感性事物之中，既然如此，为什么还要设定这个共性呢？所以，只有可感觉的实体才是存在。

关于第 5 个问题，哲学研究仅关于实体，还是也涉及属性？这个问题与第 3 个问题有关。

研究属性的科学都是证明的科学，证明就必须以第一原理为基础。但研究实体的科学不是证明的科学，这在分析第 2 问题时已经做了说明。所以，哲学只研究实体，不涉及属性。

第三节

关于第 6 个问题，事物的本原究竟是种，还是元素？

希腊哲学家在探索事物的本原时有两个不同的方向，一个是考虑事物是由什么东西构成的，由此得出构成事物的元素，如水、火、土、气；另一个方向认为本质是普遍性的，如毕达哥拉斯派的“数”，埃利亚派的“一”和“存在”，柏拉图的“理念”等。亚里士多德把这种普遍性叫做“种”。

有人认为构成事物的本原是元素，比如恩培多克勒说认为事物由水、火、土、气四种元素构成。但是我们认识事物是通过它的定义来认识的，而“种”是定义的本原。我们通过“种加属差”定义事物，而“种”是“属”的本原。至于那些“一”和“存在”，实际上它们也是“种”。所以我们很难说事物的本原是种还是元素。

关于第 7 个问题，如果种是本原，那么本原是共相的种呢，还是直接表述个体事物的属？

一种观点认为，共相的种是最具有普遍性的，所以它应该是本原。

但是共相的种，比如“一”和“存在”，它们没有属差，因为它们的属差还是“一”和“存在”，没有属差就不能定义事物。况且，如果“存在”是本原，任何事物都是存在，本原就有无数个，但本原的数不能是无限的。如果“一”是本原，“一”是不可分的东西，不可分的东西就没有属差，没有属差就不能定义事物。如此看来，直接表述个体事物的属才是本原。

但是，本原必须与事物一起存在。什么东西能与事物一起存在呢？只有普遍性。属的普遍性不如共相的种，那么共相的种才应该是本原。这个问题也是难以解答的。

第四节

关于第 8 个问题，有没有离开个别事物的种存在？这是关于个体性与普遍性的问题。

正题：在个体事物之外没有一个普遍的种。

如果在个体事物之外没有普遍的种存在，那么就出现这样的情况：a. 我们就只有感觉而没有思想，也就没有知识。b. 如果没有普遍的种，就会没有生成，因为光有质料没有形式，事物是不可能生成的，而形式是永恒的东西，形式就是普遍的种。

反题：在个体事物之外有普遍的种存在。

如果反题成立，那么它在一定场合是适用的。因为普遍的种是“一”，个体事物是“多”，比如人的种只有一个，个体的人有许多。但是，个体事物也是“一”。那么到底谁是真正的

“一”呢？所以说在个体事物之外有普遍的种存在，这也是不合理的。

关于第9个问题，本原在数目上是“一”，还是在种类上是“一”？数目上的“一”指事物的个体性，每个事物都是“一”。种类上的“一”指事物的普遍性，种才是“一”。那么“一”到底是指个体性，还是指普遍性？这个问题是由上一个问题引申出来的。

正题：如果普遍性是“一”，事物的本质是普遍性，个体事物就不是“一”。

反题：如果个体性是“一”，事物的本质是个体性，就没有普遍性，进而就没有知识。所以，这个问题也是两难的。

关于第10个问题，可消亡的事物与不可消亡的事物，它们的本原是相同的吗？这是一个被人们忽略的问题。

如果本原是相同的，那么为什么有的事物可消亡，有的事物不可消亡？如果本原是不同的，这些本原是否也将是可消亡的或不可消亡的呢？

正题：如果本原是可消亡的，消亡就是分解为构成它们的元素，那么本原必定是由某些元素构成的，这样往前追索是无穷尽的。

反题：如果本原是不可消亡的，那么为什么由不可消亡的本原构成的事物是可消亡的呢？这个问题也是无解的。

关于第11个问题，“一”和“存在”是事物的实体吗？这是最困难的问题。每个事物都是“一”，因而每个事物都是“存在”。毕达哥拉斯派和柏拉图认为“一”和“存在”是事物的实体；但有些自然哲学家认为，“一”和“存在”背后有另外的实体，“一”和“存在”是这些实体的属性。

正题：“一”和“存在”不是实体。

如果“一”和“存在”不是实体，那么任何事物都不是实体，因为“一”和“存在”是最普遍的，它们覆盖所有事物。如果“一”不是实体，数也就不是实体，因为数是由单位构成的，而“一”就是基本单位。

反题：“一”和“存在”是实体。

虽然每个事物都是“一”，但事物在数目上是“多”。如果“一”和“存在”是实体，事物怎么会又是“一”又是“多”呢？再说，如果“一”本身是不可分的，那么它在空间上既不能增大，也不能缩小，这种不可分的、不能增大缩小的东西，怎么能生成事物呢？还有，柏拉图派认为，所有的数都是由“一”生成的，“一”怎么会一会儿生成数，一会儿又生成事物呢？

由此看来，说“一”和“存在”是实体，或说它们不是实体，两种说法都不妥当。所以这是个最困难的问题。

第五节

关于第 14 个问题，这是由上一个问题引申出来的，即数学中的数字、几何学中的点、线、面、立体是不是实体？

正题：数、点、线、面、立体是实体。因为物体是由数、点、线、面构成的，而性质、运动、关系、位置、比例等都只是表述物体的属性，水、火、土、气只是构成物体的元素，像冷和热这类性质也是属性。由此看来，只有数、点、线、面、立体才是实体。

但是，立体是由点、线、面组成的，有点才有线，有线才有面，有面才有立体。所以从本性上来说，立体不如面，面不如线，线不如点。除了由数、点、线、面组成的立体外，没有什么别的东西是实体。所以早期的哲学家，认为只有物体才是实体，后来的哲学家才认识到数也是实体。

反题：如果说点、线、面是实体，也有许多困难。首先，点、线、面不是我们能感知的物体，它们只是从物体分割而成的。面是从立体中分割出来的，线是从面中分割出来的，点是从线中分割出来的。所以怎么能说点、线、面是实体呢？

另外从生成和消亡的角度来说更为困难。实体是有生成和消亡的，但面和线的情况与之不同。当两个立方体合而为一时，它们原来各有的一个面消失了，当一个立方体分割为两个时，原来没有面的地方出现了两个面。如果说立体和平面是实体，那它们是如何产生，又如何消亡的呢？

由此可见，说数、点、线、面、立体是实体，或者不是实体，都有困难。

第六节

最后人们要问，为什么在本原之外，我们还要探索形式？因为形式是个体事物追求的目的，如果形式不存在，个体性就不存在。所以有些人主张，形式是事物的实体。但是主张形式的存在，也会遇到困难。

关于第 12 个问题，本原是普遍性呢还是个体性？

正题：本原是普遍性。

如果本原是普遍性，它便不是实体。因为根据《范畴篇》中的规定，实体是“这一个”，是单一的个体，普遍性不是“这一个”，所以它不能是实体。

反题：本原是个体性。

如果本原不是普遍性，而是个体性，那么它就不能是知识，因为知识都是普遍性的。

这是个认识论的问题。如果本原是个别的“这一个”，对它就不可能产生知识，但哲学就是寻求对本原的认知，这一矛盾使亚里士多德陷入困惑。

关于第13个问题，本原是潜在地存在，还是现实地存在？这里的本原指的是构成事物的元素。

正题：元素是现实地存在。

如果元素是现实地存在，那么在它存在之前，必定有构成元素的潜能，因为潜能是在现实之前的，没有这个之前的东西，就不可能有元素。

反题：元素是潜在地存在。

如果元素是潜在的，那么结果就是——不是任何东西都能成为现实，因为潜能可能成为现实，有可能不成为现实。

这也是个两难的问题，潜能与现实的问题在后面有详细的讨论。

第四章

第一节

这一小节很短，它规定了哲学研究的任务，即它是研究“存在”的。哲学研究最高的本原或原因，本原因事物的本性而存在，绝不是偶然存在，所以哲学的任务就是研究存在。

第二节

这一小节进一步讨论哲学研究的对象、范围和特点。

所有的科学都有一个研究中心，比如，健康科学的研究中心是健康，医学研究的中心是医疗和医药，那么哲学的研究对象就是“存在”。实体是存在，实体的属性是存在，正在变为实体的过程是存在，实体的消亡也是存在，甚至对实体的否定也与存在相关，即它是非存在。存在被广泛地使用，但永远与本原相关。存在是事物的共同本性，所以哲学研究的对象是存在。

如果说每个事物都是“一”，“一”是事物的本原，那么每个事物都是存在。因为当我们说“一个人”时，就是说这个人存在。“一”与“存在”是同一的，既然研究“一”属于哲学，那么研究“存在”也属于哲学。

有人说那些对立的概念是事物的本原，比如，运动与静止，奇数与偶数，冷与热，有限与无限，友爱与争斗等。但它们都可以还原为“一”和“多”，进而还原为存在与非存在，比如静止属于一，运动属于多。所以研究对立概念也应该归属于哲学。

第三节

哲学既研究实体，也研究数学中的公理，因为这些公理适用于所有存在的事物。

有人认为公理也需要证明，那是他们缺少逻辑训练。那些公认的公理，比如矛盾律，是不需要证明的。任何人都相信，同一事物在同一时间既存在又不存在是不可能的。所以，其他所有的公理都以这一点为出发点。

第四节

同一事物在同一时间既存在又不存在这是不可能的，在这一小节里，亚里士多德从七个方面来支持他的这一观点。

1. 一个事物必定有其本质属性，比如“人是两足动物”。人是两足动物，如果 A 是人，A 就是两足动物。这个三段论表明，一个事物的本质属性不能同时是 A 又是非 A，如果同时断定是 A 又是非 A，那一定是假的。

2. 矛盾是不可兼容的，如果矛盾是可兼容的，那将没有确定的事物，就像一个事物它可以是人，也可以是墙，也可以是船，这是极其荒谬的。事物除了有本质属性，还有偶性，这个偶性必须是同主体有关系的。我们说“苏格拉底是白的”，如果这个“白”与苏格拉底没有关系，我们就不可能有认识。

3. 如果否定了矛盾律，承认矛盾可以兼容，那么也就否定了排中律。如果 A 是人又是非人，那么他既不是人，也不是非人，思想就完全没有确定性可言。

4. 对矛盾律的否定，要么是整个否定，要么是部分否定。不管是整个还是部分，都说不出确定的东西，而说不出确定的东西就等于没说。

5. 如果肯定为真，否定就为假；如果否定为真，肯定就为假。既肯定又否定，这必定是假的。

6. 如果对一事物断定它是，同时又断定它不是，你将无法采取行动。

7. 错误的程度有所不同，错误越少就越接近事物的本质，所以我们必须抛弃思想中的错误，否则我们就没有确定性。

第五节

普罗泰戈拉（Protagores）留下的名言是“人是万物的尺度”，他所说的人是个人，他所说的尺度是感觉。按照柏拉图的解释，这句话的含义是：对我来说，事物就是对我所呈现的样子，对你来说，事物又是对你所呈现的样子，而你我都是人。比如，我感觉蜂蜜是甜的，你感觉蜂蜜是苦的。既然每个人的感觉都是对的，那么对于同一事物，互相矛盾的说法就都为真。德谟克利特也持同样的观点，他说虚空与充实同时存在于事物中，一个是存在，一个是非存在。这就否定了矛盾律。

亚里士多德认为，这种困惑来自对可感世界的观察。一种是看到同一个主体在生成时会产生对立的东西，比如，存在与非存在同时产生。对此亚里士多德指出，非存在不是不存在，而是既存在又不存在，在变化的过程中，可能有的东西从非存在变为存在，但这种情况只可能出现在潜能状态中，因为潜能状态属于既存在又不存在，它不可能出现在现实中，现实中的主体不可能同时具有两种对立的属性。

另一种则是坚持感觉主义认识论，亚里士多德着重分析了这种认识论的错误。一般来说，这种情况是由于他们认为思想就是感觉，而感觉是变化的，因此他们主张：对于变化着的东西不能有真的陈述。那么我们就来谈谈变化。如果一个事物正在消亡，那么某种东西将会生成，如果一个东西正在生成，那么必定有某个它由之生成的东西，变化不可能无限地进行下去。也就是说，不管它如何变化，它总有一个存在状态，我们可以陈述这个存在状态。再说，量变与质变不同，一个事物在进行量变，我们是就它的形式来认知这个事物的。所以，对于变化中的东西，我们是可以有真的陈述的。最后，如果强调事物始终是变化的，因而在同一时间，事物既是又不是，就会得出事物都是静止的结论，因为事物的形态没办法固定下来。当然，感觉不是假的，但感觉是有差异的。人们对颜色、大小的感觉会因距离的远近而不同，物体的重量对于病人和正常人也不同。但没有一种感觉会在同一时间对同一事物断定它既是又不是，因为感觉不是对感觉自身的感觉，而是对感觉之外事物的感觉，事物必须是先于感觉的。

第六节

这一小节继续驳斥“人是万物的尺度”的理论。认同这一理论的人，只是从个人的感觉出发断言矛盾的双方都为真。但是感觉是有差异的，同一事物看上去可以像蜂蜜，但尝一下却不是甜的。矛盾的一方正是另一方的缺失，比如存在是非存在的缺失，非存在是存在的缺失，缺失就是否定，所以矛盾的双方同时属于一个主体这是不可能的。矛盾律是不可违背的。

第七节

这一小节讲“排中律”，排中律是对矛盾律的另一种表述。

赫拉克利特说所有事物都存在又不存在，这使得矛盾的双方都为真。阿那克萨戈拉说似乎所有都混合为一，这是使得矛盾的双方之间有一个中介者，因而使一切都是假的。真假的标准是什么？如把一个存在说成不存在，或把不存在说成存在就是假；把存在说成存在，把不存在说成不存在就是真。

因此，矛盾的双方之间不能有中介者。我们必须区分矛盾和对立。“白”与“黑”是对立，它们中间可以有中介者“灰”，

“灰”是白与黑之间变化的过渡。而矛盾的双方之间不能有中介者，当你肯定一方时，必定要否定另一方。

第八节

这一小节亚里士多德进一步论证了矛盾律与排中律的不可否定性。

赫拉克利特说矛盾的双方都为真，阿那克萨戈拉说矛盾的双方都为假。如果“都为真”不成立，那么“都为假”也不成立，因为矛盾的一方如果为真，另一方必然为假。

亚里士多德进一步指出，如果否定矛盾律和排中律，将引起“自身摧毁”。因为，如果矛盾的双方都为真，假设 A 是真的，那么与 A 矛盾的 B 也是真的，B 如果是真的，证明 A 就是假的。同理，如果矛盾的双方都是假的，那么 A 也是假的。这就是“自身摧毁”。如果坚持自己为真，把对方说成是假的，那么对方同样可以这样做，这将会有一个无限的指责，最终没有定论。

很显然，那些说一切都是静止或者说一切都是运动的人犯的是同样的错误。如果说一切都是静止，静止就是不变化，那么说这话的人是怎么由他父母创造出来的呢？（人必定是由受精卵经过发育变化产生的，如果一切都是静止的，就没有发育变化的过程，这个人就不可能存在）。如果说一切都是运动的，那么事物将永远在变化之中，永远没有定型的事物，那么就没有事物是真的。况且，如果说一切都是静止或一切都是运动的，就没有东西是永恒的，这就否定了第一推动者。

第五章

这一章的内容是哲学常用词汇的解释，被称为“哲学辞典”，这些词汇有三十个。

第一节

“开端”的性质就是“第一的东西”，存在由它出发，变化由它出发，认知由它出发，这些“开端”有的是内在的，有的是外在的。因此，事物的本性、构成事物的元素、事物的原因、实体甚至事物的终极因都是开端。

第二节

“原因”的种类有四种：质料因，比如青铜是构成雕像的原因；形式因，亦即事物的本质；动力因，即促使事物发生运动变化；目的因，即事物运动变化最终要达到的目的。原因的方式有两种：（1）原因或者是个别的，或者是普遍的；（2）原因或者是潜在的（将会起作用的），或者是现实的（正在起作用的）。

第三节

“元素”，它的意思是：

1. 内在于事物的最基本的成分。

2. 人们也把那种最小的、简单的、不可分的东西叫作元素，比如原子，这种原子被认为是事物的本原。

3. 也有人把“种”叫作元素，而不是“属”，因为“种”比“属”更普遍。总而言之，元素就是内在的构成事物的最基本的东西。

第四节

“自然”。这是一个多义词，它的基本意义是“自然状态”“自然中的存在物”“自然生成或自然生长的事物”。自然的用法有：

1. 事物的生成或生长。

2. 由此衍生出，一个生长事物的内在部分，该事物的生长首先是从这个部分开始的。

3. 再由此衍生出，自然物中的运动源头，这种运动是由事物的本质所决定的。

4. 水、火、土、气是基本质料，因此人们把水、火、土、气称作自然物的元素。

5. 自然物的目的因。

6. 自然物的形式因。

自然最基本的意思是事物的形式因。但事物的目的因也被称作自然，因为它是事物运动变化最终要达到的目的，这种原因或者是潜在的，或者是现实的。

第五节

“必然性”，它是指：

1. 作为一个条件，没有它，一个事物就不能存在。

2. 作为一种条件，没有它，目的就无法达到。

3. 强制性或强迫性，由于这种强制性，事物不能自由行动。

4. 由此衍生出事物只能这样，不能那样。

5. 推论是一种必然性，比如三段论推论的前提不能是任意的。

有的事物的必然性来自他物，有的事物的必然性来自自身。所以必然事物只能有一种状态，不能既是这种状态，又是那种状态。但并非一切事物都处于永恒的必然性之中，因为会存在一些偶然的情况。

第六节

“一”有多种含义：

1. 由于偶性而成为“一”，一种偶性与一个主体相连接，或几种偶性与一个主体相连接，这个主体就是“一”。

2. 由于事物本身而被称为“一”，它有如下三种情况。

a. 连续的事物就是“一”。连续分人工连续和天然连续：两片木片被胶水粘在一起是人工连续。一个事物有连续运动，并且这个运动在时间上不可分，那就是天然连续。

b. 基质在种类上相同的事物就是“一”，这有两种情况：一种是基质相同，比如酒和水都属于液体；另一种是共同的种，比如人、马、狗都是动物。

c. 实体上是“一”的事物。

3. 数的基础是“一”，比如一件衣服，一颗珍珠。这种“一”在数量上和种类上都是不可分的。

与“一”的定义相反的就是“多”，不连续的事物，如质料在种类上是可分的，它们都是“多”。

第七节

“存在”是《形而上学》的中心概念。“存在”这个词是从“是”这个词变化而来的，一切可以用系动词“是”表述的事物，如“这是一棵树”“它是一匹马”“他是一个人”等，都表明树、马、人是一个独立的存在物，这些存在物的总称叫“存在”。“存在”有如下四种。

1. 存在的第一种情况是在偶然意义上的存在，比如“正确行动的人是有教养的”“那个人是有教养的”，这里主词与谓词的联系是偶然的，这种偶然关系所构成的就是在偶然意义上的存在。

2. 亚里士多德在《范畴篇》里罗列的十个范畴，即实体、数量、性质、关系、场所、时间、姿态、具有、主动、被动。范畴表述的是事物的本性，它们都是存在。

3. “真”是存在，“假”是不存在。

4. 存在有的是潜在的“是”，有的是现实的“是”。

第八节

“实体”，它的意思如下：

1. 实体是简单的个体，它不表述任何别的东西，而是用别的东西来表述它，比如“这个人是白的”，“这个人”就是实体。

2. 实体只能做主词，所有表述实体的谓词都因它的存在而存在。

3. 实体把属性箍成一个整体，实体如果消解了，整体也就被摧毁了。

4. 本质也被称为事物的实体。

总而言之，实体是独立的“这一个”；实体不表述任何别的东西，而是别的东西表述它，它是绝对主体。

第九节

“相同”有两种情况：一种情况是，如果两个事物的质料在种类上或数目上同一，或者在本质上同一，我们说它们是相同的；另一种情况是，“苏格拉底是白的”“苏格拉底是有教养的”，这两句中的“白的”和“有教养的”是相同的，因为它们都是同一主体的偶性。另外，“苏格拉底”和“白的”也是相同的，因为“白的”是“苏格拉底”的偶性。

“相异”，如果两个事物的质料在种类上或数目上不是同一，或者它们的本质定义不是同一，我们称这两个事物为“相异”。“差异”——尽管在某些方面相同，但在数目上、属上、种上、类比上都不同，我们称这类事物的关系为“差异”。

“相似”——它们在每个方面都有相同的属性，或者相同的属性多于相异的属性，在质上是同一的事物，我们叫它“相似”。

第十节

“相反”应用于矛盾、反对、相对（比如具有与缺乏）、两极端（比如生成与消亡）等，另外，那种不能在同一个主体中同时呈现的属性也叫相反。

“对立”应用如下。

1. 属性不同种，不能属于同一个主体，这叫对立。

2. 在同“种”中两个极端叫对立，比如黑和白都属于颜色，但它们是对立的。

3. 在同一个主体中绝对不同的东西，比如疾病与健康，也叫对立。

4. 同一个事物中极端的不同，比如语句中的正确与错误，这叫对立。

“属差”应用于同种但不同属的事物，比如人和马，它们的“种”都是动物，但“属”不同，比如人是有理性的动物。

第十一节

“在前”和“在后”的意思如下。

1.“在前”最基本的意思是最靠近起点。所以，在地点上，靠近起点的就是在前，离起点较远的就是在后。在时间上，如果是指过去的事情，距离现在较远的就是在先的，比如 18 届奥运会与 19 届奥运会相比，18 届就是在先的；如果是指未来的事情，距离现在较远的就是在后的，距离现在较近的就是在先的。在运动变化上，距离第一推动者最近的就是在先的。在力量上，更加有力的就是在先的。在排列上，比如在合唱队中，第二人比第三人就是在先的。在运动变化上，距离第一推动者最近的就是在先的。在力量上，更加有力的就是在先的。在排列上，比如在合唱队中，第二人比第三人就是在先的。

2. 对于认知来说，相对于感觉，共相是在先的。但是这里面有个矛盾，给事物下定义，比如“这个人是有教养的”，一方面偶性先于实体，“有教养的”先于“这个人”，因为没有偶性就没有定义，另一方面，似乎实体要先于偶性，因为没有实体偶性就无法附着，这个问题是两难的。

3. 属性也被认为是在先的，例如“直”先于“平滑”，因为直是线的属性，平滑是面的属性，没有线就没有面。

4. 就本质与事物而言，本质先于事物，这是指柏拉图的理念，理念先于具体事物。

5. 若考虑“存在”的多种意义，那么首先，主词是在先的，没有主词这个实体，谓词就没有附着的东西；其次，潜能和现实相比，有些是潜能在先，有些是现实在先，不能一概而论。

第十二节

“潜能”的意思如下。

1. 运动变化的源头，比如，建造的技能是一种潜能，它不是正在建造的房屋。于是，“潜能”一般来说是在另一个事物中。

2. 一个事物推动另一个事物，我们说推动者具有潜能。

3. 能很好地达到目的的能力，我们称之为潜能。

4. 被动也是潜能的表现。

5. 在被动的情况下，有的事物发生了变化，有的事物不发生变化，不发生变化就是由于它的潜能在抵抗外来的影响。

潜能的缺失就是“无能力”，相对于“潜能”来说，就有一种相反的“无能力”。由“潜能”和“无能力”这两个概念，就产生了“可能”与“不可能”。“可能”意味着虽然不是必然的，但它将是真的或者也许是真的。如果它将是假的，就是“不可能”，比如，“三角形的三角之和大于两直角”，这就是不可能的。这里必须注意，“潜能”和“无能力”是从本体论上谈论实体的变化，“可能”与“不可能”是模态范畴，谈论的是未来的事物。

第十三节

“量”的意思是可以分割成许多部分，这些部分每一个都是一个“一”。量如果是可数的就是多，如果是可以量度的就是大小。三维立体具有长、宽、高三个维度，每个维度都可看作是连续的量。

有些事物被称作量是由于它的本性，比如，线由于它的本性就是量。有些事物被称作量是由于偶性，比如“他是白的”，“白”是可量度的，所以具有“白”这个属性的“他”也成为了可量度的。有的量是运动的量，因为运动是在空间中的连续，连续就是某种量。由于空间中的连续也是时间的连续，所以时间也是量。

第十四节

“质”的意思如下。

1. 事物间的本质差别。比如，人是两足动物，马是四足动物。

2. 由事物本质的差别衍生出数的本质差别。比如 6 与 5 就有本质的不同。

3. 当实体的这些性质发生变化时，物体就被说成发生了质变。

4. 人的德行与恶行也是一种质。

第十五节

“相对的”指的是：

1. 一个数的倍数或一个数的一半，都与这个数有确定的关系，这种关系我们称之为相对的；一个东西超过另一个东西，我们也说它们是相对的。

2. 主动与被动，比如，一个是能使它物发热的东西，一个是受影响而发热的东西，它们的关系就是相对的。潜能与现实也是相对关系。

3. 认识与可认识的事物，两者是相对关系。

第十六节

“完善”或“完成”的含义如下。

1. 在它之外不再有任何部分就是完善。

2. 在卓越方面不能被超越，比如一个长笛演奏家，他的演奏没有任何缺陷，我们就说他的演奏是完善的。这个词也被转移到坏的方面，比如十恶不赦的贼我们称之为“一个完全的贼”。

3. 已达到目的的事物被叫做完成的。由于目的是某种终极的东西，我们也将这个词用于坏的方面，说一个事物“完全”地被摧毁了。

第十七节

“限制”的含义如下。

1. 事物最后的点，超过了这个点就不属于该事物。

2. 物体在空间中的形式，形式是这个物体的界限。

3. 事物运动变化的终点，即事物的终极目的。

4. 每个事物的实体或本质，它是我们认识的限制。

第十八节

“由于它……”的意思是，构成事物的原因是外在的，这有如下几种情况。

1. 构成事物的原因是形式和质料。

2. 我们常说“他是由于什么原因来这里的”，或说“他是出于什么目的来这里的”，原因和目的都外在于“来”这个行为。

3. 进一步说，行为发生的位置是外在于行为的，比如，“他站在那里”或“他沿着那里散步”，“那里”是外在于“站”和“散步”的。

“由于本身……”的意思是，构成事物的原因是内在的，这有下面几种情况。

1. 原因是事物的本质。比如盐由于它的本质决定了它是盐而不是糖。

2. 原因是事物的定义。比如，“人是两足动物”，之所以这么说，是因为“动物”这个概念就呈现在人的定义中。

3. 原因是事物的属性。比如，一个事物之所以被叫作白的事物，因为它自身呈现出白色属性。

4. 除了它自身内的原因，没有其他的原因。

5. 原因是事物的属性，而所有属性都只属于一个主体，因为主体内部的属性决定了事物发展变化的根本因素，所以原因是内在的。

第十九节

“安置”就是安排事物有一个位置，这种安置可以是地点方面的，可以是潜能方面的，可以是种类方面的。总而言之，事物必定有它存在的位置。

第二十节

这一节讲“具有”和“习惯”。在古希腊语中，“具有”同时有“习惯”和“永久状态”的意思，“具有”表示具有者与被具有者之间的一种关系，它所表达的“习惯”和“永久状态”更侧重于事物的一种内在特性或稳定状态，而非单纯指事物有一个空间的位置。

第二十一节

“遭受”意思如下。

1. 由于外来的力，一个事物被改变。

2. 已经完成改变的现实状态。

3. 特别是伤害性的改变。

4. 不幸和痛苦的经验被称作“遭受”。

第二十二节

“缺失”的意思是，如果某个事物不具有它应该具有的属性，那就是缺失。

1. 按照定义，它应该具有某种属性，但它却不具有。比如盲人拥有双眼却看不见事物。

2. 被暴力剥夺也叫缺失。

由此，“缺失”带有否定的意思，比如，“不相等”就是“相等”的缺失，“不可见”就是“可见”的缺失。“缺失”可以意味着在很小程度上具有某物，比如，“无核的”可能指示的是核很小。“缺失”可以意味着“不容易”，比如，“不可切割”指该物不容易切割。“缺失”意味着完全不具有，一只眼看不见不叫盲人，只有双目失明才叫盲人。

第二十三节

“有”（持有、拥有）在许多意义上被使用。

1. 根据自己的欲望或冲动占有一个事物，所以僭主是占有他的城邦，穿衣服是拥有自己的衣服，等等。

2. 一种状态呈现在它的受体中，比如，质料具有了形式

（青铜具有了雕像的形式而成为了雕像），身体拥有了疾病。

3. 一事物包含在另一事物中，比如，罐子装着酒，船拥有水手，所以整体也拥有部分。

4.A 事物阻挡 B 事物的移动，比如柱子承载着上面的横梁，防止横梁下落。

第二十四节

这一小节分析两个联结词，from 和 out of，前者的意思是“来自……”，后者的意思是“出自……”。“来自……”和“出自……”有以下用法。

1. 某物出自质料，比如，雕像出自青铜，很多能溶解于水的物质可以从水溶液中获得。

2. 一切物体的运动来自第一推动力。

3. 事物的形成来自质料与形式的复合。

4. 形式来自构成形式的部分，比如音节来自字母。

5. 有些事物来自别的事物。比如，孩子来自父亲和母亲。

6. 人们往往把晚的事物说成来自早的事物，比如“夜晚来自白昼”，之所以这么说，是因为它们允许相互变为对方。人们也说“航行自春分后进行”，因为在时间上它们有先后顺序，春分在先，于是航行。

第二十五节

“部分”的意思如下。

1. 一个量以任何方式被划分，划分出来的东西就是部分。比如，2 在一种意义上可以说是 3 的部分，因为 3 可以划分为 1 和 2 两个部分。不过，这种意义上的部分仅是就整体而言的，2 在另一种意义上不能被称为 3 的部分，因为 3 的组成元素可以不是 2 而是 1，比如 3 是由三个 1 组成的。

2. 元素也被称为是一个整体的部分，因此我们说“种”是“属”的部分。

3. 形式是整体，质料是部分，比如，一个青铜的立方体，青铜是部分，立方体是整体，因此这个立方体的任一个角也是部分。

4. 定义一个事物时，定义是整体，定义中的每一元素都是部分，比如，“人是两足动物”，“人”“两足”“动物”都是该定义的部分，所以属被称为种的部分。上面我们说属是种的部分，现在又说种是属的部分，这是因为种比属更具普遍性，“人”这个概念中就包含着“动物”概念。

第二十六节

这一节分析“整体”“全体”“所有”概念。

1. 不缺少任何部分的东西被称为整体。

2. 包含着诸事物从而形成一个统一体的东西被称为整体。不过这里面有两层意思：其一是指共相，共相表述诸多事物，其中每一个事物都是“一”，比如“动物”是共相，它包括人、马、鸟等；其二是指那连续的东西，当它由几个部分组成时，它就是整体。

3. 那具有起点、中点和终点的量，位置没有区别的叫全体，位置有区别的叫整体。比如，一片玫瑰园叫整体（whole），一棵玫瑰树可看作全体（all）中的一个个体（这里只是一种符合逻辑的修改示例，具体概念界定需结合专业知识）。

4. 作为“一”的事物，当它被划分为几个部分时，我们用“所有”这个词，比如“所有的部分”“所有这些单位”。

第二十七节

在古希腊文中，“切割”与“残缺”是相同的意思。

不是任何有量的事物都能被切割，它必须是整体而且是可分的。如果从 2 中拿出一个 1，这不能叫切割。一块豆腐切割掉一部分后，它还是豆腐，一个数被拿掉一部分后，就不复是原来的数了，所以数是不能切割的。

一般来说，事物所占据的空间没有变化，不能叫“残缺”，比如水和火就没有残缺。连续的事物如果缺少了一部分，才能说是“残缺”。但是要看它缺少的部分是否影响到它的本质，或者是否改变了它占据的空间。一只杯子如果被钻了一个孔，不能叫残缺，掉了一个把手才能叫残缺。同样，人如果割去一块肉不能叫残疾人，如果断了一条胳膊或腿，才是残疾人。

第二十八节

“种”这个概念有不同的使用。

1. 具有同样形式的事物能得以生成或延续，比如人种的延续。

2. “种”是事物的源头。比如，所有希腊人都是海伦的后裔，所有伊奥尼亚人都是伊奥的后裔，种族存在的源头就叫“种”。

3. 人们也把“面”叫做平面图形的种，把“体”叫做立体图形的种，因为“面”是所有平面图形的共相，“体”是所有立体图形的共相。

4. 在定义事物时，我们把构成事物最初的本原也叫做种，本原的差别就是事物质的差别。

这样，“种”就涉及：a. 事物的延续；b. 同类事物的源头；c. 构成事物的本原。

第二十九节

这一节分析“假”，假与真是逻辑学中的基本概念，真假的标准是看陈述与事物的状态是否符合。

1.“假”的意思是陈述不符合事物的状态，比如“四边形的对角线与边是可通约的”，这是假的，因为永远不可能实现。另外，有些事物是存在的，但对它们的显示是不存在的，比如做梦。所以，“假”就是陈述不符合事物的状态。

2. 不存在的陈述就是“假的”。比如把对圆的陈述用在三角形上时就是假的。

3. 一个人如果故意做假的陈述，他就是说谎的人（假人）。

第三十节

这一小节分析“偶性”与“偶然性”，偶然性不等于偶性，但偶性出自偶然性。

1. 被断定为真的、附着于一个主体的属性，这就是偶性。一个有教养的人是白的，“有教养”和“白”两者都不是必然的，所以我们把这种情况称为偶性。

2. 如果一个人为种树而挖坑，结果挖出宝藏，这是偶然性。而三角形三个角的和等于两直角是必然的，并非偶然性。

第六章

第一节

我们探寻事物的本原和原因，很明显这些事物都是存在的事物。所有科学都研究某种特定的存在物，但它们都不研究存在本身。物理学研究由质料组成的具体的物体，这种物体有运动和静止。数学研究抽象的数，数是不运动的、与具体事物分离的东西。只有哲学研究永恒的、不动的、可分离的对象。所以哲学被称为第一科学，它优先于物理学和数学。

第二节

存在有偶然存在，真的存在，作为范畴的存在，潜能和现实存在。

事物的存在，有些是必然的，有些是偶然的。一个东西既不是永远如此，也不是经常如此，我们叫它偶然性。比如，夏季 7 月初到 8 月初出现寒冷气温，我们说是偶然的；一个人是动物这是必然的，但他是白的则是偶然的。“三角形三个角的和等于两直角”，则是必然的。没有一门科学是专门研究偶然性的原因的。

第三节

事物的产生和消亡必定是有原因的，这个原因不一定在产生或消亡的过程中显现出来。原因之外还有原因。比如，他为什么会死？因为他出门时遇到了暴力。他为什么要出门？因为他渴了要找水喝。他为什么会渴？因为他吃了辛辣食物。这样追溯是无穷尽的。所有存在的事物都因必然性而存在，但它的消亡则可能是因为偶然性。比如每个人都会死，但他究竟死于疾病还是暴力，这是不确定的。偶然性也有原因，但它究竟涉及质料因，还是涉及目的因或动力因，这是需要加以思考的。

第四节

这一节分析“真存在”和“假存在”。

真存在是存在，假存在是非存在。如何判断存在的真假，取决于主词和谓词的联结。比如，“这朵玫瑰花是红的”，如果客观上它是红的，我们就给予这种联结以肯定，如果客观上它不是红的，我们就给予这种联结以否定，肯定与否定都表明这个命题是真的。但是如果客观上这朵玫瑰花是白的，而我们却说它是红的，这个存在就是假的。

由此可见，存在的真假不在事物中，而在我们的思想中。现在让我们抛开这种对真假存在的思考，而把重点放在对存在本身的研究。

第七章

第一节

一个事物被说成是存在，这个“存在”的意思，首先是指它“是什么”，其次才是它的属性。当存在具有这些意义时，“是什么”即是一个事物的实体，实体是存在的最根本的意义。实体是十个范畴中第一个范畴，没有它其他九个范畴就没有附着的载体。实体在多种意义上是最根本的。在定义一个事物时，必定要出现实体。当我们认识一个事物时，只有先认识了实体，才能认识属性。就存在而言，唯独实体能独立存在，其他九个范畴都不能独立存在。所以我们必须认真思考作为存在意义上的实体是什么。

第二节

实体被认为是属于物体的，所以我们说动物、植物是实体，自然物诸如水、火、土是实体，由水、火、土组成的宇宙、星辰也是实体。但是，是否还有其他实体存在？毕达哥拉斯派认为点、线、面都是实体，柏拉图认为形式、数字、可感物体是实体，克塞诺克拉底学派认为只有形式和数字是实体，点、线、面是依赖它们的。关于这些问题，我们有必要认真研究。

第三节

什么是实体？实体至少适用于四个对象：本质（形式）、共相、种、基质。

先看基质是不是实体？

基质只能被别的事物表述，它本身不表述别的事物。并且根据下面第十三小节的内容，基质在两种意义上是事物的支承，一是作为“这一个”是诸属性的载体，二是作为质料支承着事物。所以基质被认为是实体。

在一种意义上，质料被说成是实体；在另一种意义上，形式被说成是实体；在第三种意义上，形式与质料的结合被说成是实体。首先，质料不可能是实体，因为实体必须满足“这一个”和“可独立存在”两个条件，质料不符合这些条件。其次，形式与质料的结合也不可能是实体，因为形式先于质料，那么由于同样的理由，它也先于两者的结合，于是就只剩下形式了。

第四节

形式是事物的本质，那么形式是不是实体？

本质就是事物的“是其所是”，或者说本质就是事物的本性，所以形式似乎就是实体。说“他是白色的人”，并没有说出他的本质，因为修饰语“白色”只是说他拥有某种属性。在十个范畴中，唯独第一个范畴“实体”说出了它“是什么”，而其他的九个范畴只说出实体的属性，只是对实体的限制。因此我们说，定义一个东西“是什么”，在首要的意义上只属于实体，在次要的意义上也可以属于其他范畴。

第五节

这一小节分析“双字词”。双字词是由两个独立的词构成一个单纯意义的词，比如“塌鼻子”，它是由“塌”和“鼻子”两个词构成的一个整体。它和“白色的人”不同，在“白色的人”中，“白色”是偶性，它与“人”构成一种松懈的外在结合，“塌鼻子”并非出于偶性，而是由于它的本性就是如此。那么这种双字词算不算是一种定义？

亚里士多德对定义的规定是“种加属差”，比如“人是两足动物”，“动物”是种，“两足”是属差。对于双字词，亚里士多德承认它是一种另外意义上的定义。不过亚里士多德还是强调，定义在首要的意义上只属于实体，在次要的意义上也可以属于其他范畴。

第六节

本质（形式）被说成是事物的实体，那么本质与事物是不是同一的？在分析这个问题之前，我们必须区分两个概念，本质是“就偶性而言”，还是“就自身而言”。

一个事物总有几个偶性，比如“白色的人”，“白”是“人”的偶性，不是“人”的本质，如果本质是“就偶性而言”，那么“人”的本质就会是白色的。由此可见，事物的本质不能是“就偶性而言”，只能是“就自身而言”的。

那么本质与事物能分离吗？柏拉图认为事物的本质就是理念，理念与事物是分离的。如果是这样的话，一方面我们对具体事物不会有知识，因为知识就是对本质的认识，另一方面理念就会没有载体，没有载体就没有存在。并且还会产生第三者，比如，在马的理念和具体的一匹马之间，会有一个被具体的马分有的马的理念。那么显然，本质与事物是不能分离的。

第七节

所有生成的事物，要么是自然生成的，要么是由技艺而生成的，要么是自发地生成的。

自然生成指的是由自然作用而生成的事物，它们由之生成的是质料，质料是某种自然存在的东西，自然所生成的东西是动物和植物，因此这样的事物我们叫它实体。一般来说，在自然生成中，生成者与被生成者是同种的，它们的产生也依据自然，所以它们具有相同的形式，比如人生出人，植物生出植物。

除此之外的产物被称为“制造物”，所有制造物或出于技艺，或出于一种能力，或出于思想。出于技艺的事物，它们的形式是在制造者的思想中形成的。甚至互相对立的东西也有相同的形式。比如，健康与疾病是对立的，健康是疾病的实体，疾病就是健康的缺失，而健康就是形式。怎么理解健康就是形式？比如医生给病人治病，健康就是医生思想中的形式，而疾病就是质料，医生通过各种手段，使得病人从疾病转变为健康，这就是将形式赋予质料。治病的过程就是健康生成的过程，也就是从疾病的状态（健康的缺失）转变为健康的状态。

形式固然重要，但我们也不应该忽视质料。有些东西在它们被制成后，它们的名称依然同质料有关系，所以铜做的圈我们叫它铜圈，石刻的雕像我们叫它石像。但是，我们不应该在任何场合不加限制地这样使用名称，尽管房子是由砖砌成的，但我们不能把房子统称为砖房。“生成”是事物的变化，而不是保持。至于自发生成，我们在后面再分析。

第八节

生产任何制造物都需要质料，比如我们制造一个铜球之前，我们就需要铜。我们不能制造铜，因为铜是先天的原料。“球”我们也不能制造，因为球是先天的形式。如果我们能制造铜，那必须有造铜的质料，质料之前还有质料，这个制造过程将无限退后。同样，制造形式也是如此。形式是事物的本质，本质是不能被制造出来的。那么，在具体的球之外，是不是有一个球的形式存在？具体的球是“这一个”，球的形式是“那样的”，当一个球被造成后，它就变成了“那样的这一个”，也就是说，它是具有形式的具体物体。显然，说理念（形式）与个别物体是分离的，理念是个别物体的模型，这是毫无意义的。

任何物体都是形式与质料的复合体，比如任何一个人与苏格拉底，他们的质料不同，但他们的形式是相同的，他们都是人。

第九节

有些事物能自发地生成，比如健康可以由身体的自愈机能而获得，有些则不能，比如造房子必须依靠工匠。理由是有些质料能发动自己的运动，而有些则不能，必须靠他物的推动。一颗种子之所以能自发地长成大树，因为它潜在地具有形式和质料，形式在自身内自发地推动了质料。从这个例证中我们可以理解实体的特性，即能自发地生成的事物，形式和质料必须预先存在于它的内部。

第十节

这一小节从生成问题回到本质问题，讨论“究竟是部分在先还是整体在先”。在讨论这个问题之前，先来定义什么是部分。

部分有两种含义，一种是形式部分，比如青铜雕像的头部、躯体、四肢等，另一种是质料部分，青铜雕像的质料部分是青铜。对于一座青铜雕像来说，它的原料是青铜，所以青铜只是雕像的质料部分。圆形是由一个个扇形构成的，扇形是圆形的质料部分。音节是由字母构成的，但不能说字母是音节的质料，它们是音节的形式部分。因此，形式部分和质料部分都是作为部分出现在整体中的，但它们在整体中的性质和作用有所不同。严格说来，消融于质料中的东西不能叫部分，比如铜圈消融于铜中；不消融于质料中的东西才能叫部分，比如骨骼、四肢是人体的部分。

那么部分与整体哪个在先呢？直角是整体，锐角是直角的部分，直角在先，因为锐角的定义是“小于直角的角”，定义锐角要靠直角。人是整体，手指是人的部分，人在先，因为如果把手指切下来，手指就死了。所以整体先于部分。

形式与质料哪个在先呢？形式部分在先，质料部分在后，比如灵魂作为实体是在先的，躯体作为质料是在后的。为什么这么说？因为形式是普遍性，我们认识事物就是认识它的普遍性，而质料是个体性，我们不是靠个体性来认识事物的。在被问到哪个在先哪个在后时，我们不能简单地回答，必须分清哪个是质料，哪个是形式，哪个是整体，哪个是部分。

第十一节

这一小节分析：什么种类的定义属于形式，什么种类的定义属于形式与质料的结合。

苏格拉底是灵魂与肉体的结合物，灵魂是形式，肉体是质料。人们用“苏格拉底”这个名字称呼他，是在定义他的普遍性形式。在对实体做定义时，质料一般是不出现的，因为只有形式才是该事物的本质。但是，在那些无法与质料分开的定义中，质料就会出现在定义中，比如对铜圈做定义时，离开铜就无法定义它。所以，能抛开质料的定义就只属于形式，而无法抛开质料的定义就属于形式与质料的结合。

第十二节

这一小节讨论为什么定义是一个统一体。我们知道亚里士多德给一个事物下定义是用“种加属差”的办法。“种”是事物的普遍性质，“属差”表明的是事物的形式，形式就是实体，也就是“这一个”，所以“种加属差”是给事物下定义最好的方法。比如“人是两足动物”，“动物”是种，“两足”是属差。

但是属差可以列举出许多，如，“有足”“天生有足”“有两足”，等等。我们用划分的办法，由普遍向特殊逐步推进，推进到最后一个“有两足”，这就是人唯一正确的定义。属差必须是在本性上必然属于该事物的属性，而不是任意的属性，比如“白色”“有教养”“身材高大”这些也可以是人的属性，但它们不是人的必然属性。

亚里士多德的结论是：最后一个属差是事物的形式，形式就是实体，实体只能是“这一个”，所以定义是一个统一体。

第十三节

这一小节分析第三小节提出的问题，即共相是不是实体？

有些人认为共相是事物的本原，所有个别事物中都呈现出共相，所以它应该是实体。下面是亚里士多德对这种观点的批驳。

首先，实体是特殊的东西，它只属于某一个事物，不属于别的事物，而共相是诸多事物所共有的，所以共相不可能是实体。

接下来是对柏拉图理念论的批判。柏拉图认为，所有的属性都有理念，比如“白”有白的理念，“高大”有高大的理念，理念是独立存在的实体，具体的白是分有了白的理念，因此说“苏格拉底是白的”，必然是先有“白”的属性存在，然后才有苏格拉底这个实体的存在。这就是说，理念与事物是分离的。如果是这样的话，就会有两个实体，一个是苏格拉底这个实体，另一个是苏格拉底理念的实体，这不很荒谬吗？

再说，理念就是共相，如果共相也是实体，那么一个实体就是由另一个实体构成的，比如，人是由动物这个共相构成的，这是不可能的。所以结论是共相不是实体。

但是这个结论包含着一个困难。如果共相不是实体，那么实体的定义是什么呢？通过下面的分析我们会更加清楚的明白这个问题。

第十四小节

这一小节也是分析第三小节提出的问题，即“种”是不是实体？“人是两足动物”，“动物”是种，“人”是种下面的属，“两足”是属差。“种”就是柏拉图的理念。按照柏拉图的理论，“人”有人的理念，“动物”有动物的理念，“两足”有两足的理念，理念与具体事物是分离的，理念是“一”，理念是实体。那么矛盾就产生了。

首先，“动物”这个理念是“一”，而人或马有许多，作为“一”的理念在数目上怎么变为“多”了呢？

其次，人是两足的，马是四足的，“两足”与“四足”是两个对立的理念，却同时包含在“动物”这个种之中。那么“动物”这个种怎么能同时被人和马分有呢？

假设“动物”这个种能被不同的东西分有，那么就会有无限多的动物，因为只要分有了“动物”这个种的都是动物。

人的属差有“两足”“无毛”等，它们也都是理念。如果人是由理念构成的，这些理念显然是“多”，那么怎么能说理念是“一”呢？如果“动物”这个种是理念，那么众多的具体动物是如何从唯一的理念中分有出来的？并且“动物”这个理念怎么能与具体的动物分离呢？

上述分析证明，不存在能与具体事物分离的理念，理念也不是实体。理念就是种，进而它不可能是实体。

第十五小节

实体分为两种，一种是形式，一种是形式与质料的统一体。形式没有生灭，形式与质料统一的个别实体有生灭，有生灭就意味着它们可以存在也可以不存在，因此对感性的个别实体，我们是不可定义的。

按照理念论的支持者所说，理念是个别的，并且是与具体事物分离的，那么理念也是不可定义的。但实际上，理念并不是个别的，它适用于许多事物。比如，要定义一个人，人们可以说“一个精瘦的白色动物”，这个定义也可以用于其他人。理念论者或许会说，理念固然适用于许多事物，但许多事物都只属于一个理念，所以理念是个别的。对此我们反驳说，这也未必。比如“两足动物”就不属于一个理念，它既属于“动物”理念，也属于“两足”理念，这表明理念不是个别的。况且，“动物”和“两足”这两个理念都是先于具体的两足动物的形式，形式是没有生灭的，而个别事物是要生灭的。如果理念是个别的，它就是要消亡的，但这是不可能的。

我们说过，对个别事物是不能定义的。理念论者坚持理念是个别的，但对于理念能不能定义，他们却避而不谈。如果他们企图对理念下定义，他们就会发现我们对理念的分析是对的。

第十六小节

我们强调实体必须是“这一个”，但我们在谈到实体时，又总是用共相来称呼实体，比如动物、人、马，等等。这些词汇实际上都是共相，而不是“这一个”。如果这些名称都是共相，那么它们就不是实体。亚里士多德举了“统一体”这个名称来说明他的观点，他的观点还是对理念是实体这一观点的批判。

人们或许认为，形式与质料的统一体是实体。但是，用到“统一体”这个名称，它就不是实体，因为“统一体”是共相，可以用在许多事物上，凡是共相就不是实体。这个观点也适用于理念。理念论者说理念是“以一统多”，那么理念就是一个统一体。理念论者宣称理念是实体，但他们又说不出这个实体到底是什么。于是他们造出了“人本身”“马本身”这些词汇，并认为这就是理念。

通过上述分析就很清楚，共相不可能是实体，所以理念也不可能是实体。

第十七小节

这一小节亚里士多德要给出答案，实体到底是什么？

为什么质料能成为某个确定的事物，比如砖、木材等最终能成为一所房子，这是因为砖与木材等质料的结合，最终呈现出房子的形式。由于形式的缘故，质料成为了某个确定的事物，所以形式是事物的实体。

第八章

第一节

这一小节是对前面内容的小结。

实体是我们研究的对象。有些实体是普遍被承认的，比如“水火土气”、植物和动物，以及物理宇宙。有些实体是某个学派宣称的，比如柏拉图派的理念，毕达哥拉斯派的数。还有其他的实体，如本质与基质等。再有“种”似乎比“属”更具有实体性，普遍比特殊更具有实体性。

现在让我们回到普遍被承认的实体，它们都是可感觉的实体，可感觉的实体都有质料。基质是实体，因为在一种意义上基质是质料，在另一种意义上它是形式，在第三种意义上它是质料与形式的结合。质料也是实体，因为在对立的变化中，质料在下面支撑着这些变化，例如，位置的变化，长大或缩小，健康或生病，生成或消亡等。

第二节

这一小节还是分析可感觉的实体。可感觉的实体有许多差异，有的是通过它们质料的组成方式被感知，如蜂蜜水；有的是通过它们所处的位置被感知，如门槛和门楣；有的是通过时间被感知，如早餐和晚餐；有的是通过地点被感知，如刮风或下雨；有的是通过我们的感觉被感知，如软、硬、密、疏、干、湿等。但这些差异都只是事物的属性，它们没有一个是实体。

在给房子下定义的时候，如果只说“房子是由石头、砖和木材构成的”，这是在谈论质料实体，如果说“房子是掩蔽有生命东西的容器”，这是在谈论形式实体，如果把这两者结合起来，这是在谈论第三种实体。那么可感实体是什么就很清楚了，它在一种意义上是质料，在另一种意义上是形式，在第三种意义上是两者的结合。

第三节

名称究竟意味着什么？它意味着质料的组合，还是意味着形式？例如“房子”这个名称，它是代表“砖、石头、木材的组合物”，还是代表形式？这个问题对我们研究可感实体来说并不重要，因为一个事物的名称肯定不能离开形式。

形式是不能被制造的，人能制造的只有形式与质料的结合物。与形式分离的个别事物是不可能的。因此，任何一个名称，必然包括质料，也包括形式。

有些人主张形式就是数，这是有一定道理的。因为形式是可分成各部分的。如果在一个形式上加一点或减一点东西，这就不是原来的形式了；形式由于它的本性而是“一”；形式是确定的，如果形式能加减，那就是包含着质料的东西。在这些特征上，形式与数相似。现在关于实体的生灭，我们已经很清楚了，质料与形式的结合物是有生灭的，而单纯的形式是没有生灭的。

第四节

关于质料这个实体，即便是相同的质料，也未必产生相同的东西。因为当质料是同一个时，不同的运动会产生不同的东西。比如同样是木材，工匠可以做出床也可以做出柜子，工匠的技艺就是运动。

因此，研究事物的原因，我们应该从质料因、形式因、动力因和目的因入手。不过这种方法只适用于有生灭的自然物，对于那永恒的实体，就要另外考虑了。因为天体也许没有质料（当时科学不发达，人们认为星球只有光没有质料），它们可能不是我们所说的实体。比如“日食”和“月食”，我们说是光被剥夺了。但是光为什么会被剥夺，我们只能说“日食”是由于月球夹在太阳与地球之间，“月食”是地球夹在太阳与月球之间，这就算是找到原因了。星球是移动的物体，但它们为什么会移动，它们的产生借助于什么，我们是不清楚的。

第五节

有些东西是没有生成和消亡的，比如，数学中的点和形式。它们之所以没有生成和消亡，因为它们是抽象的概念，它们没有质料，并以抽象的方式存在。

那么有质料的事物，它们中相对立的状态又是一种什么关系呢？比如，人的本质应该是健康地活着，疾病是健康的对立面，人免不了要生病，我们能不能说人潜在地就是健康和疾病两者呢？如果这个说法成立，那么活人就是潜在的死人。事实上，我们不能这样说，因为疾病只是质料的败坏。所有这种变化都要追究到质料，只有具有质料的事物才会走向自己的对立面，而没有质料的形式是静止不变的。

第六节

“定义”就是揭示事物的本质，因而定义就是事物的形式。按照柏拉图派的观点，人的定义有“动物”和“两足”，人分有了两个理念，那么人就不是“一”而是“多”。要解决这个困难，只有按照我们的说法，定义的一个因素是质料，一个因素是形式。质料是潜在的，它等待形式赋予它形态，而形式是现实的。比如“铜圈”，铜是质料，圆圈是形式，两者的结合产生出铜圈。单纯的形式，它本身就是一个统一体，但是并不因为统一体它就是一个事物，它必须和质料结合才能成为一个事物。所以我们说，形式是一个统一体，形式与质料结合产生的事物也是一个统一体。

第九章

第一节

我们已经分析了实体，实体是一种存在。存在一方面是个别事物，一方面是潜能与现实，现在我们就来讨论潜能与现实。

潜能有多种意义，比如几何学中的可能与不可能，不过它们只是类似于潜能。严格意义上的潜能是指引起事物变化的能力。潜能有主动的和被动的，由于其他事物的作用发生变化，这是被动潜能；能主动引起其他事物变化，这是主动潜能。因此很明显，在一种意义上，作用与被作用是同一回事，比如甲作用于乙，这是甲把一种力传输给了乙，乙接受了这种力，所以是同一种力。在另一种意义上，它又不是一回事，因为甲是施压方，乙是受压方。“非潜能”和“不能”是潜能的缺失，每个潜能都有相反的“非潜能”。

第二节

上一小节说潜能就是引起事物变化的能力，这种能力有些存在于无生命的事物中，有些存在于有生命的事物中，有生命的事物在这里指人，人是有理性的。因此，潜能也分为有理性的和无理性的。所有的技艺和科学都是理性潜能，因为它们靠自己的潜能制造出产品。

理性潜能涉及多个对象，比如医术既涉及健康也涉及疾病。无理性潜能只涉及一个对象，比如一个潜在的发热体只能使他物产生热。科学就是理性，有科学知识的人能预见到事物中的对立面，他们知道引起事物变化的潜能包容着正反两方面，所以科学必须处理对立的东西，比如健康与疾病。

理性潜能与无理性潜能的区别在于，理性潜能要把一件事做好，而无理性潜能只知道做事，不管好坏。

第三节

这一小节是驳斥墨加拉派。该派认为一个事物只有当它发挥作用时，它才是“能够”起作用，它不发挥作用时，它就是“不能够”起作用。比如，如果一个人不是正在搞建筑，那就表明他不能够搞建筑，只有当他正在搞建筑时，才能说他能够搞建筑。这实际上就是否定潜能。

这种理论是荒谬的。按照这种理论，当他停止搞建筑时，他就不具有这种技能，当他重新搞建筑时，他的技能又是如何恢复的呢？按照墨加拉派的理论，人如果闭着眼睛，就可以说他是“盲人”。当他睁开眼睛，他就不是“盲人”，那么他岂不是一会儿是盲人，一会儿又不是盲人吗？

墨加拉派的错误在于，他们抛弃了“运动”和“生成”。一个人坐着，他也可以站起来行走。一个人站着，他也可以坐下，这种可能性就是潜能。潜能和现实是不同的，墨加拉派把它们混为一谈了。一个事物现在不存在，但它将会存在，因为它是潜在地存在。“现实”是运动的产物，但现实与运动并不等同。

第四节

这一小节还是承接上一小节，谈潜能的问题。

“可能”就是将会存在，“不可能”就是将不会存在，那么很明显，说“某某是可能的而又将不会存在”，这是假的。但是，“可能”有两种结果，或存在或不存在。潜能也是如此，潜能并不表示必然会成为现实，但它有成为现实的可能性。“假的”和“不可能”不是一回事，比如，你现在坐着，说你是站着那是假的，但你站起来不是不可能。

同时这也是很清楚的，如果A存在，则B必定存在，由此推论出，如果A是可能的，B也必定是可能的。这也表明，潜能虽然不是必然会成为现实，但它成为现实是可能的。

第五节

潜能分为理性潜能和无理性潜能。非理性潜能存在于无生命事物中，也存在于有生命事物中，比如我们人类的感觉能力就是先天的，就是这种非理性潜能。理性潜能则只存在于有生命事物中，如演奏笛子的能力、建筑房子的技能，这些都属于理性潜能，它们是通过学习获得的。非理性潜能是一个事物作用于另一个事物，它只会产生一种结果，比如发热的物体能使另一个物体变热。而理性潜能则可能涉及两种相反的东西，这是因为理性潜能掺杂着愿望和选择。比如一个人具有建房子的潜能，他会面临“建”还是“不建”两种选择，但他不可能同时做这两件事。

第六节

这一小节分析什么是现实。现实就是实际上存在的东西。

实际存在的建筑物是现实，具有建筑能力这是潜能，质料与形式的结合是现实，质料只是潜能。事物的运动变化过程不能算现实，变化产生出的结果才是现实。有人说“无限”和“虚空”也是现实，这是不对的。无限和虚空只是思想中的东西，它们不是现实存在。

第七节

我们必须区分，什么是潜在存在，什么不是潜在存在。精子不能说是人的潜在存在，因为它还必须经过一个变化过程，即获得人的属性，这时候才能说它已经潜在地是人了。但是有的事物能说是潜在存在，比如健康就是人的潜在存在；再比如事物的定义，当它被人们意识到的时候，它是现实存在，那么在它尚未被人们意识到的时候，它就是潜在存在。

我们说的潜在存在，指的是构成一事物的材料。比如这个木盒子，它的材料是木材，而木材是由其他物质转化而来的，在这种系列中，在前的东西就是潜在存在。

基质有两种情况：当它是诸属性的载体时，它是实体；当它不是诸属性的载体时，它是质料。所以我们称基质为“第一质料”。一个事物由什么构成，应该考虑构成它的潜在因素。

第八节

现实无论是在定义上、实体上，还是在时间上都先于潜能，原因如下。

1. 潜能之所以是潜能，因为它具有两种可能性，可能变成现实，也可能不变成现实。但现实是确定的，它是潜能追求的目的，所以现实先于潜能。

2. 人孕育人，种子产生谷物。谷物是现实，种子是潜在的，没有谷物就生不出种子。人孕育人也同样如此。所以现实在时间上是在先的。

3. 现实在实体上也是在先的。因为实体就是事物的形式，没有形式质料是不可能形成事物的。

以上分析表明，现实先于潜能。

关于现实在实体上在先，亚里士多德还谈到了永恒实体，即太阳和星辰等天体。亚里士多德认为，潜能具有两种相反的可能性，一种是存在，另一种是不存在。所有的天体已经是现实存在，它们不可能不存在，所以永恒的天体是没有潜能的。

第九节

我们说潜能有两种可能性，这就意味着潜能或者变好，或者变坏。同一个潜能既能使人健康，也能使人生病。但是这两种现实不会同时出现。从变好方面说，潜能是使事物逐步变好的过程，那么最终产生出来的现实必定比潜能更好。从变坏方面说，潜能是使事物逐步变坏的过程，那么最终产生出来的现实必定比潜能更坏。所以说，现实比潜能更好或者更坏。至于那永恒的天体，因为它们没有潜能，所以它们没有任何的坏，它们的现实是完美的。

第十节

存在与非存在，在最通常的意义上，还是指真和假。比如，“这块木头是白的”，这是存在的，存在的就是真的；“对角线是可通约的”，这种情形不存在，不存在的就是假的。

“可能”这个概念有两种结果，或者产生存在，或者产生非存在，那么对于“可能”我们无法判断真假。

那些静止的东西，比如几何学的公式，都是存在的，也都是真的。

第十章

第一节

这一章探讨“一”和“多”的问题。“一”有多种意义，归纳起来有四种：

1.“一”表示该事物是连续的，这种连续是出于其本性，而非两个东西捆绑在一起，它的运动变化是无间断的；

2.“一”表示该事物是一个整体；

3.“一”表示该事物在数目上是一个不可分的个别东西；

4.“一”表示共相，所以柏拉图派认为理念是“一”并且是实体。

数的基本单位是“1”，所有的数都是由“1”这个基本单位构成的，因而“1”就是数的起点。“一”在最严格的意义上就是一个限度，既是量的限度，也是质的限度，事物如果在量上或质上不可分，它就是“一”。

第二节

毕达哥拉斯派和柏拉图派都把“一”看作实体。我们说“存在”这个概念是共相，因为所有的事物都是存在，那么“一”也是共相，因为每一个事物都是“一”。实体必须是独一无二的特殊东西，既然“一”是共相，它就不能是实体。

第三节

“一”与“多”是对立的，“一”是统一，“多”是多样，“一”是不可分的，“多”是可分的。

“相同”有多种含义：所有的“一”都是相同的；如果在定义上和数目上都是一，比如你在形式和质料上都与你自己是同一的，这就是相同；如果实体的定义是同一个，比如两条相等的直线，它们就是相同，总而言之，相同就是统一。

“相似”也有多种含义：即使不绝对一样，形式上是一样的就是相似；具有相同的形式，在程度上没有不同，这是相似；诸事物具有一种相同的属性，且在形式上是同样的，例如都是白的，它们就是相似；共同性多于差异性，比如就白色而言，锌与银就是相似。

“不同”也有许多含义：不同是相同的对立面；每一个事物都是独立的一，它们是不同的。

“差异”与“不同”有别，同类事物在某个特殊性方面有所不同，这是差异，比如“种加属差”就是典型例子。

第四节

最大的差异我们叫它对立。“种”上的差异彼此间距离很远，它们不可比较，不可相通，比如人和船。“属”上的差异只是两个极端之间的差异，比如人和马同种，二者都是动物，它们的属差一个是“两足”一个是“四足”，这个属差只是同种事物之中的两个极端，这里的属差就是人和马的对立。

如果对立的双方是矛盾的，它们之间没有中介物，比如“有”和“无”。如果对立的双方只是反对关系，比如黑和白，它们之间有中介物，如灰。具有和缺失最能解释什么是对立，比如，白色既然具有了白，它就是黑的缺失，坏人既然具有了坏，他就是好的缺失。这种对立在一种情况下有中介物，如坏人和好人之间，有既不好也不坏的人；在另一种情况下又没有中介物，如在奇数与偶数之间。因此很明显，对立的每一方都具有缺失的意义，坏就是好的缺失，好就是坏的缺失。

第五节

由于一个事物有一个相反者，这个相反者就是比较复杂的问题。比如，“相等”的相反者是“不相等”，但“不相等”可以有两种情况，“大些”或“小些”。假设 A 与 B 是不相等的，B 可能比 A 大些，也可能比 A 小些，这样“相等”就有两个相反者，在这两个相反者之中有一个中介者，它是既不大也不小，那就是“相等”。与此相仿，其他的对立，它们之间也可能出现中介者，比如好人与坏人之间，有一个不好不坏的人。又比如，在黑和白之间，会出现灰、红、黄等颜色，那么哪个才是真正的中介者呢？

当然，我们不能以此为根据就断定在任意两个事物之间必然有一个中介者，我们所说的相反者是指在同一个“种”之间的相反者，不同种的事物是没有共同性可对比的。

第六节

在解释这一小节之前，我们必须先了解古希腊人对数的理论。他们规定 0 不是数，它只表明什么也没有。1 也不是数，它只是计数的单位。最小的数是 2，它是绝对的少，但与 1 相比它又是多。“多”与“一”的对立不等于“多”与“少”的对立，混淆了这一点，就会出现下面三个奇怪的结果。

如果“多”与“一”是对立的，那么：

1.“1”就是少，因为它是“多”的对立面；

2.“2”就是多，因为它比“1”多；

3.我们平时用的“大量”表示多，“小量”表示少，它们是对立关系，但实际上它们又都表示多，这岂不是矛盾的？并且按照它们的对立关系，“大量”如果是多，“小量”就是少，而少就是“1”，但是因为“小量”也表示多，这就会得出“1”就是“多”，这就更奇怪了。

在一种意义上，对于可分割且强调数量概念时我们常用“多”，对于不可分割或强调整体规模时我们常用“大量”或“小量”。比如，水可以说是大量的水，也可以说水很多。“多”就是量的过度，“少”就是量的不足。

在另一种意义上，“多”是“一”的对立面。比如在数目的意义上，“1”是基本单位，所有的数都是由1构成的，除了1之外，每个数都是“多”。既然如此，1就是计数单位，而“多”是可计数的对象。对立有两种意思：一种是作为反对者，另一种就是“计数”与“被计数”的关系。

因此，“一”与“多”的对立，在一种意义上指不可分与可分的对立，在另一种意义上指“计数”与“被计数”的对立。

第七节

这一小节讨论中介物。中介物指的是在变化过程中的过渡状态。在同种事物之中，比如，在音阶这个种之中，从高音变到低音，中间就会出现中音这个过渡音域，在颜色这个种之中，从白变到黑，中间就会出现灰这个过渡色。但是从一个种变为另一个种，比如从颜色变为形状，这是不可能的。没有对立的事物，它们之中就没有中介物，因为它们没有变化。所以，有对立面就会产生中介物。

那么在不同种事物之间为什么也会有中介物呢？比如人和树，它们不是同一个种，但它们都有属性，属性是可以相比较的，树一般比人长得高，这样“高矮”在人与树之间就成为了中介物。所以，不同种事物之间也会产生中介物。

第八节

这一小节分析“属差”。按亚里士多德的规定，给事物定义必须通过“种加属差”，比如给人的定义是“人是两足动物”，“动物”是种，“人”是属，“两足”是属差。因此，有属差的事物必定属于同一个种，比如“人是两足动物”，“马是四足动物”，“动物”这个种既涵盖人也涵盖马。因而，所谓属差就是在同一个种之中的对立。属差的意思是包含着对立而又是不可分的。人和马在动物这一点上是没有分别的，但在“两足”和“四足”上又是对立的。不是同一个种中的事物是谈不上属差的。

第九节

在这一小节里，亚里士多德讨论了一个很有趣的问题——为什么男性和女性是属差，而男人和女人不是属差。这个问题换一种说法就是，为什么有的对立是属差，有的对立不是属差。亚里士多德的解释是，也许是因为前者是从定义而言的，后者是从质料而言的，定义上的对立造成属差，而质料上的对立不造成属差。当然，亚里士多德的这个解释是不足以令人信服的，并且从他的语气“也许是”来看，可能对这个问题他自己也没把握。

第十节

柏拉图派声称特殊事物是分有了理念，所以特殊事物与理念是一样的，这种说法在亚里士多德是没有道理的。理念是形式，特殊事物是形式与质料的结合体，两者是完全不同的，前者是不可消亡的，后者是会消亡的。不可消亡的与可消亡的分属两个完全不同的种，所以它们的对立是两个种的对立。

我们说在同一个种内的事物有属差的对立，比如白人和黑人都是人，他们的种是相同的，但他们的属性不同，是属性造成了他们的差异。但是消亡跟属性是没有关系的，没有什么事物会因为属性而消亡，消亡是由于它们的本质决定的，形式与质料结合的物体在本质上就是要消亡的。如果特殊事物与理念是一样的，就会出现一个人，他既是可消亡的，又是不可消亡的。种的差异比起属的差异要大得多。

第十一章

第十一章是对《物理学》和《形而上学》讨论过的问题的复述，从第一节到第八节是对《形而上学》中诸问题的复述，第九节到第十二节是对《物理学》中诸问题的复述。

第一节

这一小节旨在提出问题。哲学究竟是一门科学还是几门科学？如果它不是一门科学，那么它会等同于何种科学？检验第一原理是一门科学的任务，还是多门科学的任务？哲学是只研究实体，还是也研究属性？哲学是只针对可感觉实体，还是也针对其他的东西？哲学是研究形式和数的科学吗？这些问题最后都要归结到哲学是研究共相、研究“存在”和“一”的科学。

第二节

这一小节还是旨在提出问题和分析问题。

一般来说，假设在可感实体之外有一个分离的实体，它与可感实体又是对应的，比如在具体的马之外有一个马的理念，这是没有必要的。

如果我们要寻求构成事物的本原，那就只有质料。但质料只是潜能，没有形式就构不成事物，这样看来似乎形式更为本原。但形式因为与事物不可分离，所以它也是会消亡的。那么什么是事物的本原？这是一个令人困惑的问题。

有人说本原在种类上是相同的，如果这样的话，为什么有些属于这个本原的事物是永恒的，有些又是会消亡的呢？有人说本原在数目上是单一的原子，如果那样的话，所有的事物都将是相同的。

有人说“存在”和“一”是事物的本原，因为每个事物都是存在，也都是“一”。但是“存在”和“一”只是共相，而具体事物是实体，实体不是共相，那么“存在”和“一”怎么可能是事物的本原呢？

再有，到底有没有在具体事物之外的形式，如果有，它在什么情况下是与具体事物分离的，在什么情况下又是不分离的呢？

第三节

哲学研究的对象是存在。存在的每一个事物都包含着对立的方面，比如“一”和“多”的对立，“相似”与“不相似”的对立等。每一对对立中，一方是另一方的缺失，并且对立的双方之间有一个中介物。物理学研究存在事物的运动变化，辩证法研究存在事物的属性，哲学研究存在本身。

第四节

数学研究数量、形状、空间等相关属性，比如线、面、体、角等，物理学研究存在事物的运动变化，因此物理学和数学可以看作是哲学的一个部分。

第五节

这一小节讲矛盾律以及与之相关的排中律。有一个原理是我们必须要当作真理来认识的，即对同一事物不能在同一时间既肯定又否定。这个原理是不能用其他的真理来证明的，如果必须要证明，我们只能用反证法。如果说“他是一个人”，我们不能同时说“他又是一个非人”，非人可以是马或其他动物，如果对同一事物同时既肯定又否定，这就等于说“他是一个人，同时又是一匹马”，而这是荒谬的。这个反证法证明矛盾律是真理。

第六节

这一小节还是谈矛盾律。普罗泰戈拉说人是万物的尺度，所以对于同一事物可以“既是又不是”。比如对于蜂蜜，有人说是甜的，有人说是苦的，他们的感觉都是对的。这不能简单地用此证明矛盾律可以违反，可能是多种因素导致这种差异。

赫拉克利特声称万物流变不居，因此对于事物我们不可能有认识，这也是不对的。首先，我们必须从事物的固定状态中获得对事物的认识。其次，运动变化必然会产生一个存在状态，事物不可能既存在又不存在。还有事物的变化基本上是量的变化，量是非确定的，而质是确定的，我们的认识就是对事物质的认识。

阿那克萨戈拉认为，任何事物中都有不同部分。他的意思是任何事物中都有矛盾，因此说蜂蜜是甜的或苦的，既都对也都错。如果都错，那么你说“它是错的”这本身也是错的；如果都对，那么说“都错”就是错的。总而言之，矛盾律是不能违反的，一个事物不可能同时既是又不是。

第七节

这一小节比较简单，还是回答哲学研究的对象这个问题。

因研究对象的不同而划分出不同的学科，研究普遍存在的是哲学，研究不同存在物的是各种科学。科学分为理论的、生产的和实践的三类。理论科学又分为物理学、数学和哲学。

如果能够分离的不运动的实体存在的话，研究这个实体的就是哲学。这种能够分离的不运动的实体必定是神圣的东西，并且必定是最根本的本原，所以在某种程度上，哲学也叫神学。哲学优先于物理学。

第八节

现在我们来说必然性和偶然性。显然，没有一门科学是专门研究偶然性的。我们说每一个事物总是出于必然性，A 是 B 的原因，B 是 C 的原因，所有事物都有原因，因而偶然性被完全排除在原因系列之外。偶然性是不确定的，其原因是无规则和不限定的。目的因是出于事物的本质，而偶然性的目的是隐晦的，因此在严格的意义上，偶然性不是事物的原因。由于偶然性不是出于事物的本质，所以在事物发展的逻辑顺序上，它也不会是在先的。

第九节

从这一节开始涉及对《物理学》中诸问题的复述。

有些事物是潜能，有些是现实，有些则是在潜能和现实之间。事物从潜能到现实的转变过程，这就是运动变化。运动变化是不确定的，它既不能被归于潜能，也不能被归于现实，它是一个未完成的现实。因此，很难把握运动是什么，它既具有现实的部分特征，但又未完全达到现实状态，然而它确实存在。

第十节

这一小节讨论“无限”问题。“无限”的意思是：

1. 不可穿越的，它不存在边界，没有边界则无法完成穿越；

2. 即使想穿越，你的穿越也是无穷尽的；

3. 根本不容许你穿越；

4. 即便允许穿越，也无法完成穿越。

无限不能是现实存在。现实存在的东西要么是可分的，要么是不可分的。无限不存在量的概念，因为可分的东西必然具有量，所以没有量就意味着不可分。然而，无限的定义就是无限可分，所以如果它是不可分的，就不符合无限的定义，因为无限就意味着无限可分。所以无限不能是现实存在的实体，它只能是数目的属性。

由此推论出，无限也不可能是构成事物的元素，也就是说，可感事物不可能是无限的，其理由如下。

1. 任何物体都有面，每个面都有限定，物体的定义就是“由平面所限定的东西”，所以可感事物不能是无限的。

2. 数在理论上可以是无限大或无限小，但数都是可数的，所以没有现实的数是无限的。

3. 任何可感事物要么是组合的，要么是“简单”的。组合事物不可能是无限的，因为组合就是两个东西的组合，如果其中一个是无限的，另一个是有限的，无限将吞没有限。假设组合的两个东西都是无限的，这也是不可能的，因为物体都有延展性，而无限就是无限制地延展，那么这个事物将无限制地延展。

4. 简单事物也不能是无限的。德谟克利特主张事物是由单一的原子构成的，如果是那样的话，事物要么永远静止，要么永远运动，而这是不可能的。况且，在当时的认知里，我们除了发现构成事物的“水火土气”四元素外，并没有发现有原子存在。

5. 可感事物必然有它存在的地点，如果可感事物是无限的，那么这个地点也必须是无限的，而这也是不可能的。我们说在空间中的地点无非是前、后、左、右上下这六个，这六个都是方位上的“限”，那么可感事物不管它存在于哪个方位，它都是有限的。

所以结论是，可感事物不可能是无限的。

第十一节

所有的运动都是变化。变化可分为两大类，一类是事物偶性的变化，另一类是事物自身的变化。事物自身的变化都是走向对立面，它们有下面四种情况：

1. 从非存在到非存在；

2. 从存在到存在；

3. 从非存在到存在；

4. 从存在到非存在。

第一种其实不是变化，因为它没有走向对立面，我们把它抛开不论。第三种就是生成，生成是从非存在走向存在，我们说运动必定有一个运动的地点，非存在没有它的地点，所以生成不是运动。第四种就是消亡，消亡也不是运动，因为运动的对立面是静止，而消亡的对立面是生成，所以消亡也不是运动。只有第二种是运动，也就是从一种存在变为另一种存在，这样的变化才是严格意义上的运动。

第十二节

这一小节继续谈事物自身的变化。

范畴有十个，其中只有质、量、地点允许有变化，因为它们都有对立面，质变就是质走向自己的对立面，量变就是量走向自己的对立面，地点的变化就是位移。实体不能有变化，因为实体没有对立面。关系不能有变化，如果两个事物中一个变了，那么原来的关系也就不存在了。主动与被动也不能有变化，因为变化就是走向对立面，如果它们走向了对立面，主动就不是主动，被动就不是被动了。

说到一个事物推动另一事物发生变化，就涉及两个概念：连续和相继。连续的两个事物的边缘相接触，当两个事物相接触时，事物发生变化。两个事物不接触而按顺序排列那是相继，所以 2 和 1 不是连续关系而是相继关系，2 排在 1 的后面。点和点可以连续成线，但一个单位和一个单位不能连续，只能相继。

第十二章

第十二章号称是亚里士多德的“神学”。其实这个所谓的“神学”并不是宗教意义上的神学，而是旨在推出宇宙的终极原理。在亚里士多德的神学中，“不动的推动者”是最高的神，自然界的一切都是在其推动下生化出来的。亚里士多德企图通过他的哲学探索，从已获得的相对真理的基础上继续上行，从而达到绝对真理，所以他把“神学”称为“第一哲学”。

第一节

我们的研究是关于实体的。如果把宇宙看作一个整体，那么实体就是第一范畴，其他范畴都是附着于它的，其他范畴不能独立存在。实体有三类，一类是可消亡的，如动物和植物；一类是永恒的，如天体；还有一类是共相，如物体的形式和数学中的数。前两类实体都是可感觉的，可感觉的实体都是有变化的，因而必定有某种东西在它们下面支撑着它们的变化。

第二节

变化就是事物走向对立面，对立面本身不能持存，比如黑变化为白，黑就消亡了。因此事物之所以能持存着，在变化的下面必定有某种东西，这就是质料。变化有四种：事物本身的变化，质的变化，量的变化和地点的变化。事物本身的变化就是生成和消亡，量的变化是增加和减少，质的变化是对立面的交替，地点的变化就是位移。这样的变化就是质料的变化。不管是从非存在变化为存在，还是从某种存在变化为另一种存在，变化都涉及质料。即便是没变化的天体的位移，也是质料的位移。

第三节

变化必定有推动变化的推动者，变化的东西就是质料，而变化的结果就是形式即定型。质料和形式都不是生成的，比如要做一个铜圈，铜是土壤中天生存在的，圆这个形式也是天生存在的。如果我们认为质料和形式是生成的，那么它们是由什么东西生成的呢？这样的追溯将是无穷尽的。

有三类实体，一是质料，另一是形式，再有就是前两者的结合产生的个体事物。这样看来，理念就没有存在的必要了。

第四节

这一小节探讨哪些是事物的原因。不同事物的原因在一种意义上是不同的，在另一种意义上又是相同的。元素是构成事物的原因，有四种不同的元素，即水、火、土、气，在这个意义上事物的原因是不同的。但是，所有事物的形成都有形式因、质料因、动力因、目的因，并且它们都是被第一推动者推动的，在这个意义上，它们的原因是相同的。

第五节

这一小节还是谈事物的原因。实体是事物的原因，因为没有实体，属性和运动就不存在。所有事物都有实体，在这个意义上构成事物的原因是相同的。潜能与现实是事物的原因，但每个事物的潜能和现实是有差异的，在这个意义上事物的原因是不同的。如果我们要追究人的原因，那么有元素作为质料，有特别的形式，有他的“父母亲”，还有太阳等的促进作用。总而言之，每个事物都有其特定的原因。关于可感事物的原因，就是这些了。

第六节

我们已经分析过三种实体，一种是有生灭的动物、植物，一种是无生灭的天体，第三种是永恒的实体，它推动其他物体运动变化，自己却不运动。凭什么可以认为有这种实体存在呢？如果都是有生灭的实体，所有实体都要消亡，那这个世界就不存在了。并且，运动和时间是不可消亡的（运动以时间来显现），既然有永恒的运动，就表明有永恒的实体存在。

这种永恒的实体不能是潜能，因为潜能它可以实现，也可以不实现，而这个永恒的实体始终在推动其他物体运动变化，所以这个永恒实体必定是现实的。

因此我们必须承认，存在着一个现实的永恒实体，它推动其他物体运动，自身是不运动的。

第七节

既然一切物体都是被推动而不停地运动变化着，那么必定有一个推动者存在。这个推动者是一切被推动物体的初始原因，它是至善，它的目的是要让一切事物达到完善，它把目的付诸它的推动中。所以这个推动者就是神，神就是至善。

毕达哥拉斯派和斯彪西波派认为，善不能在原因中，只能由结果来呈现，这是错误的。种子来自植物，植物是原因，种子是结果；精子来自人，人是原因，精子是结果；植物比种子要完善，人比精子要完善，这就表明善包含在原因中，并非只在结果中。

从上述分析表明，存在着一个永恒的实体，它不运动，却推动其他物体运动变化，它与其他物体是分离的，它没有量，没有部分，是不可分割的。

第八节

这一小节是分析太阳以及行星的数量和运动方式。亚里士多德所处的年代流行“地心说”，即太阳、月亮以及其他行星都围绕地球运转，所以这些分析都是不科学的。这一小节无非是要说明，所有运动的天体都是由一个第一推动者推动的。

第九节

这一小节承接第七小节的内容，分析神在思考什么。如果神不思维，它就不是高贵的；如果神不是思维善，它就不是至善的。总之，亚里士多德认为，神是最高理性、最高智慧，神是最高贵的和至善的。

第十节

有人主张对立是事物的初始原因，比如恩培多克勒的友爱与争斗，这是错误的。自然界中所有的事物都是有序排列的，这就是最高的善，只有神能做到。神是第一推动力，是一切事物的初始原因。有人主张神也有对立面，这也是错误的，因为只要是对立面都包含质料，而神没有质料。亚里士多德用《伊利亚特》的一句话——许多人的统治是不好的，让一个人来治理吧，来结束这一章，这表明亚里士多德认为这个宇宙是由神在统治的。

第十三章

第一节

我们已经说明了可感事物是实体，那么在可感事物之外，还有没有实体存在？有人说数学对象，如数字、点、线、面是实体，有人说理念是实体。我们先来分析数学对象，然后再考虑理念。如果数学对象存在，它们存在于可感事物之中，还是存在于可感事物之外，或者它们有其他的存在方式？所以，我们要分析的不是它们存在不存在，而是它们如何存在。

第二节

以往的理论认为，点构成线，线构成面，面构成立体，如果点是不能分割的基本元素，而以往理论认为点构成线，线构成面，面构成体，但实际上线、面、体是可以分割的。物体都是立体的，并且是可分割的，但根据上述推论，物体又是不可分割的，这就出现了悖论。这个悖论表明上述理论是有问题的。

那么点、线、面、体能不能与事物分离独立存在？亚里士多德认为，如果它们能独立于具体事物存在，那么就会产生多个点、线、面、体。以面为例，如果面能独立存在，那么就会有一个是具体事物中的面，一个是能与具体事物分离的面，一个是数学中抽象的面，这显然是很荒唐的。并且，事物是一个实体，点、线、面、体都是这个实体的属性，因为这些属性附着于实体，事物才是“一”，如果把这些属性看作实体，那么事物就不是“一”而是“多”。因此亚里士多德认为点、线、面、体并不是实体，它们也不先于事物，它们在任何情况下都不能独立于事物而存在。

第三节

数学是研究具体事物中包含的数的关系，而不是研究具体事物。这就像物体都有运动，我们研究的是它的运动属性，而不是研究具体的物体。如果把数的关系与事物混为一谈，把运动与运动的物体混为一谈，就会闹出很多矛盾的观点。科学研究最好的方法，是从具体事物中抽离出它的属性来研究，但我们必须知道，虽然我们把它们从具体事物中抽象出来了，但属性与实体是不可分离的。

第四节

这一小节是批判理念论。亚里士多德认为，理念论者接受了赫拉克利特一切事物“流变不居”的观点，为了知识要有个实在的对象，所以在可感事物之外设立了一个理念。第一个提出要给事物找到普遍定义的人是苏格拉底，但他并不认为普遍性可以和具体事物分离，而柏拉图推出了可与具体事物分离的理念，即事物的共相。

理念论者有几个明显的错误：

（1）他们的推论是不符合逻辑的；

（2）认为否定的东西也有理念，如“非存在”“非美”；

（3）认为已消亡的东西也有理念，如“特洛伊战争”“荷马”；

（4）认为关系也有理念，如“先于”“大于”；

（5）甚至更可笑的是引入了“第三者”，比如在人的理念和具体的人之间，有一个第三者的“人”，它是具体的人模仿的对象。总而言之，理念论“摧毁”了具体事物。

第五节

最重要的是理念究竟有什么用。它既不引起运动，也不引起变化，也无助于我们认识事物。一切事物都不能来自理念，至于说事物分有了理念，那是空话。任何事物无需理念就能存在和生成，而且一个事物有多个理念，比如“动物”“两足”“人本身”。人到底分有哪一个理念？因此很明显，事物的存在和生成并非出于理念。

第六节

从这一小节开始讨论数。柏拉图派认为数也有理念，比如，世界上有许多 2，但只有一个理念数 2，所有的 2 都是分有了理念数 2。因此理念数是实体，理念数是与具体的事物分离存在的。这一小节以及下面几小节都是批判这一观点的。

数学中的数是可以合并的，比如 2 + 3 = 5，两个数合并得出第三个数。如果存在着理念数，并且理念数是实体，实体是不能合并的，人和马两个实体合并是不会产生“人马”这个实体来的。

数学中的数因为是合并而成的，所以一个数中包含着另一个数，比如 3 中包含着 2。理念数因为各自都是独立的理念，所以“3”这个理念中不包含“2”这个理念，其他理念数也同样如此。

数必须寓于事物中，事物是实体，数是实体的属性，这是数存在的方式。

第七节

任何一个数都是一个单位，我们先来研究一下，单位能不能合并？

如果单位是不能合并的，比如 2 与 3 不能合并成 5，那么数学将不存在，当然理念数更不存在。理念数是不能合并的。每一个理念数都是一个理念，2 是一个理念，3 也是一个理念，如果说 5 是由 2 + 3 构成的，那么 5 这个理念就是两个理念相加而成的，这就等于说理念是合成的，而这是荒谬的。

如果说一切单位都能合并，那么这个单位只能是“数学数”。由此我们得出结论，数不是理念，因为数是可以合并的。

第八节

对于数有三种观点：柏拉图派认为有理念数；另一派不

相信理念，但相信“一”是事物的本原；“最坏的”是第三派，他们认为理念数与数学数是相同的。这三派必然在理论上会遇到困难。

关键在于怎么看待“一”。如果从普遍性来看，“一”代表事物是一个整体；如果从数学角度来看，“一”是构成一切数的基本单位。造成上述“三派”困难的原因，在于他们同时从数学和普遍性两个角度来看待“一”。

此外，数到底是有限的还是无限的？这是一个值得探讨的问题。数不可能是无限的，因为无限既不是奇数也不是偶数，而数永远要么是奇数要么是偶数。如果说数是有限的，那么它的“限”又在哪里？

第九节

数是如何产生的？数学中的线、面、体是如何产生的？单位是由什么构成的？数是有限的还是无限的？“点”如果是构成事物的本原，点从哪里来？对于这些问题，各派有各自不同的观点，这就给我们造成了混乱。

柏拉图派预设了理念数，理念数是实体，理念数与数字是分离的，理念数是一切存在的本原。这是因为他们受到赫拉克利特万物皆在“流变不居”这个观点的影响，进而企图建立一个稳定的普遍对象，通过这个普遍对象来认识事物。但他们把理念与可感事物分离开了，这就必然会产生理论上的困难。也有的派别看到理念论的困难，他们不承认理念数，只承认数学数，但他们把数学数与可感事物也是分离开了，这实际上又回到了理念数，必然会遇到与理念数同样的困难。关于数我们就谈这些。

第十节

这一小节讲理念论与反理念论会遇到的困难。

实体是具体的“这一个”，也就是个体性；理念实际上就是普遍性。如果主张理念论，认为一切知识都是普遍性，这就否定了个体性，也就没有了实体。如果反对理念论，就没有普遍性，也就没有了知识。所以科学知识，一方面显然是普遍性，一方面又离不开个体性。这是令人困惑的难题。

第十四章

第一节

所有的派别都说“对立”是事物的本原，比如，有人说相同与相异是万物的本原，有人说相等与不相等是万物的本原，有人说“一”和“多”是万物的本原，有人说数由大和小的对立而生成，甚至有人把超过和被超过看作万物的本原。其实这些对立只是关系范畴，关系范畴是实体的属性，如果没有实体，它们就没法存在。在范畴中，实体有生成和消亡，量有增和减，质有变化，位置有位移，而关系范畴不具备这些变化。关系范畴只是与一个相关者的关系，如果相关者不存在，关系范畴的关系就不存在。

那么，“一”到底是什么呢？有人说“一”和“多”是万物的本原，尺度保持着事物的自身等同，例如，马有马的尺度，人有人的尺度，如果人有了马的尺度，人还是人吗？“一”

也表示整体，例如“这个白人在行走”，其中“人”“白色”“行走”都是属性，这些属性总要有一个载体，让它们归属于一个东西，那么“一”就是这个载体。

第二节

我们必须探讨，永恒的事物是否由元素组成？如果是，那么元素就是质料，凡是由质料组成的事物，都是从潜在转变为现实的，由潜在转变为现实的事物，可能成为现实，也可能不成为现实。因此，凡是由质料组成的事物都不可能是永恒的，也就是说，没有实体是永恒的。因此很明显，实体是存在，只有实体这个范畴是“一”，其他的九个范畴都是“多”。

说到“潜在”就涉及“非存在”。巴门尼德说“非存在是不存在的”，柏拉图派认为“非存在”指虚假。而我们认为，“非存在”与“存在”是一对相对立的概念，“非存在”就是潜在，存在就是现实，事物正是从非存在转化为存在的。因此设立“非存在”的存在是必要的。

第三节

柏拉图派设置理念数，并且认为理念数与可感事物是分离的，这是荒谬的。毕达哥拉斯派不认为数与可感事物是分离的，这是正确的，但是他们认为数是一切事物的本原，这是错误的。同时，认为永恒事物也有“生成”，这也是错误的。

第四节

有了主张“一”是构成所有数的本原，“一”就是“善”，这会引起许多困难。因为如果“一”就是善，它构成所有的数，那么所有的数都是善。同样道理，如果理念是善，那么分有理念的所有动植物就都是善，而这是不可能的。不仅如此，“一”的对立面是“多”，善的对立面是恶，如果“一”是善，“多”就是恶，那么所有事物都分有了恶，这是荒谬的。

第五节

有人说一切事物来自元素，数是第一个来自元素的存在，那么我们就来分析一下。数不可能由元素组成，因为数与元素是不同的。元素在空间中有位置，元素组成的东西必定占据空间位置，但数没有空间位置。数不可能由不可分割的原子组成，因为数是可以分割的。数不可能来自对立物，因为对立物有消亡，数没有消亡。所以，毕达哥拉斯派说数是事物的实体或原因，这是不可能的。因为一方面数不占据空间，它不可能是实体，另一方面，数也不可能表达事物的属性，比如白、甜、热等，它们由什么数来表达呢？数只能是某事物的数，它不能独立存在。

因此，数既不是事物的质料，也不是事物的形式，它不能生成事物，也就不是事物的原因。

第六节

毕达哥拉斯派夸大数的作用，使得数神秘化了。比如，音符有七个，竖琴的琴弦有七根，昴星团有七颗，动物在七岁换牙，攻打特比斯的勇士有七个，似乎“七”这个数字具有神奇之处。它们还说，希腊字母从第一个到最后一个的距离等于笛子从低音到高音的距离，而这个音符的数目体现了整个宇宙系统的和谐。其实这些都是巧合，把数看作事物的原因是无意义的。此外，柏拉图派的理念数也不是事物的原因。

附　件

亚里士多德的《物理学》和《形而上学》有多处涉及柏拉图的哲学思想，尤其是涉及柏拉图的理念论，所以笔者把对柏拉图《巴门尼德篇》和《智者篇》的解读作为附件放在本书的最后，以便读者参考。

附件1　对《巴门尼德篇》的解读

柏拉图提出了理念学说：理念是一切事物的原型，事物是分有或摹仿了理念而产生的；理念是永恒的，一切可感事物都是要消亡的，理念是“一”，事物是“多”。但是理念论本身就包含着诸多矛盾。在《巴门尼德篇》的前半部中，柏拉图自己分析了这些矛盾。

1. 关于理念的普遍性问题。柏拉图认为，“正义”“善”“美”等有理念，但对于“人”“火”“水”等有没有理念他不能确定，至于“卑贱”的东西，如头发、泥土、污垢等肯定是没有理念的。这样一来，势必否定了理念的普遍性。柏拉图对这个问题采取了回避的态度。

2. 关于理念的分有问题。柏拉图认为，事物都是分有了理念而产生的，理念是“一”，事物是“多”。但是，事物是分有整个的理念，还是分有理念的一部分？如果是分有整个理念，那就等于说一个理念同时整个地存在于许多事物中，那么理念就不是“一”而是“多”，这就会导致理念自身的分裂，破坏了理念的单一性。如果只是分有理念的一部分，那就会破坏理念的完整性，把同一理念肢解成很多部分。不仅如此，“分有”还会出现非常荒谬的结论。假设大的事物分有“大”的理念的一部分，由于部分小于整体，它分有的便是小而不是大。反之，假设小的事物分有“小”的理念的一部分，由于整体大于部分，那么“小”的理念相应于小的事物，就是大而不是小。这是“分有”的内在矛盾。

3. 关于理念被摹仿的问题。在分有说遇到困难时，柏拉图又搬出了“摹仿说”。但是这种辩解不仅于事无补，反而会引出新的麻烦。事物摹仿理念，事物就类似理念，理念也类似事物，它们之所以类似，是因为它们之间有一个共性。事物并不是摹仿理念，而是摹仿了这个共性。这个共性成为了理念与事物之间的第三者。以此类推，还会出现第四者、第五者乃至无穷，共性的产生是永无止境的。这就是摹仿说的难题。

4. 关于理念与现实事物的关系问题。比如，在理念中，主人与奴隶是一种主奴关系，在现实中，主人与奴隶是另一种主奴关系，现实中的奴隶同理念中的主人没有关系，现实中的主人同理念中的奴隶也没有关系。这样一来，理念世界与现实世界是隔断的。柏拉图设置理念，本来是要解决认识问题，现在两个世界各处一域，但我们的知识无法伸展到理念世界，那么设置理念还有什么意义呢？

面对这些难题，柏拉图还是坚持理念论的基本前提，但对理念做了一些局部的修正。理念论涉及“一”和“多”，也就是理念与事物的关系问题。柏拉图在《巴门尼德篇》的后半部中提出了八组推论，它们是分析“一”和“多”的问题。现在我们来看看这八组推论。

第一组：如果“一”是孤立的，一本身会产生什么结果。

如果是孤立的“一”，它就没有部分，因为有部分的话，它就不是“一”而是“多”。

“一”如果没有部分，它就没有开端和终端，因为开端和终端就是部分。

如果没有开端和终端，它就没有界限，没有界限就没有形状。

“一”没有形状，它就没有处所，没有处所，它就既不在其他事物中，也不在自身中。因为如果它在其他事物中，肯定是被那事物包围着，就会与那事物接触，但“一”没有形状，它就不可能与那事物有接触。如果“一”在自身中，那么包围它的是它自己，包围和被包围必定是两个东西，这样“一”就不是“一”，而是二了。所以“一”既不在其他事物中，也不在自身中。

“一”既不运动也不静止。如果它是运动的，要么是发生变化，要么是空间运动。如果是变化，它就不是“一”了。如果是空间运动，那么它要么发生了位移，要么发生了“旋转”。但是“一”没有处所，就不可能有位移。旋转必定是边缘围绕中心旋转，“一”没有部分，也就没有中心和边缘，它就不可能旋转。一个事物如果在自身中它就是静止的，但“一”不在自身中，也就不处于静止中。因此，“一”既不运动也不静止。

“一”不能与它自身相异，如果它与自身相异，它就不是“一”。

“一”也不能与其他事物相异，因为说到“相异”必然涉及两个东西，两个东西有差异才是“相异”，因为它是孤立的“一”，它同其他事物没有关系，所以谈不上相异。

“一”不能说与自身是常规意义上涉及两个不同对象的那种“相同”，因为“一”就是单一的个体，用涉及两个东西的“相同”概念来描述它不恰当，这会混淆概念，也使它不再是纯粹的“一”了。

“一”也不能与其他事物相同，如果相同，它就不再“一”，而是其他事物了。

所以，“一”既不能与自身相异，也不能与其他事物相异；“一”不能与自身相同，也不能与其他事物相同。

“一”不会与其他事物相似或不相似。因为具有相同性质的事物才是相似，具有不同性质的事物就是不相似，“一”除了“一”这个性质外没有其他性质，如果它有其他性质，它就不只是一了。

“一”既不会与其他事物相等，也不会与自身相等。因为一事物与另一事物相等就是尺度相同。如果“一”拥有尺度，尺度是可计量的，那么它就是“多”而不是“一”。

“一”不分有时间，也不处于任何时间中。如果它处于时间中，它就会有变化，但“一”没有任何变化。

若“一”没有部分、开端、终端、界限、形状和处所，既不在他物中也不在自身中，既不运动也不静止，既不与自身相异也不与他物相异，既不与自身相同也不与他物相同，既不与他物相似也不与他物不相似，既不与他物相等也不与自身相等，且不处于任何时间中，那么“一”就不存在。

若“一”不存在，那它便不能称之为“一”。孤立的“一”既无法被我们感知，也无法被我们言说，它并非知识的对象。若将“一”视为孤立的存在，便会致使“一”自我消解。

第二组：如果“一”不是孤立的，而是和“存在”结合的，一本身会产生什么结果。

由第一组推论可知，“一”不可能是孤立的，若它是孤立的，便不能存在，既然它存在，那么它必定与“存在”相结合。

与“存在”结合的“一”构成一个整体，它包含两个部分，即“一”与“存在”，如此一来，“一”实则并非单纯的“一”，而是“二”，进而成为“多”。

由于“一”包含两个部分，这两个部分彼此相异，所以“一”蕴含了“相异”这一概念。两个部分就是二，如果把一加到二上就得出三。既然有二就有二的两倍，二的两倍就是四。既然有三，三的两倍就是六，三的三倍就是九。这就产生出许多的数。由此我们看到，由一产生出许多的数，所有的数都是存在，那么存在是无限多的。

“一”是一个整体，这个整体中包含着“一”和“存在”两个概念。任何一个数中都有一，任何一个数也都是存在，因此“一”与“存在”是相等的。因而“一”包含了“相等”概念。

“一”作为一个整体就会有界限，有界限就有开端和终端，有开端和终端就有形状。有形状就会既在自身中，又在其他事物中。因为“一”是整体，有整体就有部分，整体包围部分，所以“一”处于它自身中。但是，所有的数都由“一”构成，所以“一”又处于其他事物中。所以说，“一”既处于自身中，又处于其他事物中。这与第一组的分析相反。

“一”处于自身中，它是静止的；“一”处于其他事物中，它被分配到其他事物中，它是运动的。所以说，“一”既是静止的，又是运动的。这与第一组的分析相反。

“一”与自身相同，因为“一”不可能不是“一”，它只能是“一”。但是，所有的数中都有“一”，它们与“一”是不同的，所以“一”与自身相异。“一”与其他事物相异，因为其他的任何数都不是“一”。“一”与其他事物相同，因为没有比较，“一”自身就不带“相异”概念，其他数也不带“相异”概念，如果它们都不带“相异”概念，那么它们就是相同的。这与第一组的分析相反。

“一”与其他数不相同，所以它们是不相似的。但是，“一”相异于其他数，其他数也相异于“一”，就都具有相异性而言，两者又是相似的。所以一既带有相似概念，又带有不相似概念。这与第一组的分析相反。

再来分析一下，“一”是否与其他事物接触，或与自身接触。就“一”处于其他数之中而言，它会与其他数接触；就其处于自身之中而言，它只与自身接触，不与其他数接触。不过，要有接触，必定要有两样东西，两样东西之间只有一个接触，如果有三样东西，它们之间就有两个接触。这就是说，接触数总比东西数要少一。那么如果只有一个“一”，接触就是零，所以“一”是没有接触的。所以，“一”既接触又不接触其他事物和它自身。这也与第一组的分析相反。

“一”与其他事物既相等又不相等。“一”不是其他事物，所以“一”与其他事物不相等。事物分有小的理念，小的理念包含事物，理念就大于事物，这样小反而成为了大。反之，事物分有大的理念，大的理念包含事物，事物比理念要小，事物反而变成了小。这就表明，任何事物不可能分有大或小，“一”也既不拥有大也不拥有小，所以“一”与其他事物是相等的。

“一”与自身既相等又不相等。“一”本身既不拥有大也不拥有小，意味着它既不超出自身，也不被自身超出，它与自身是相等的。但由于“一”在自身中，它从外面包围自身，作为包围者，它会比自身大，作为被包围者，它会比自身小，这样的话，“一”与自身又是不相等的。总之，“一”与其他事物既相等又不相等，“一”与自身既相等又不相等。

并且，由于与“存在”的结合，“一”就分有了时间，它就存在于时间中。

现在看来，由于与“存在”结合，“一”有了部分，有了开端和终端，有了界限，有了形状和处所，既在其他事物中，也在自身中。既运动也静止。既与它自身相异，也与其他事物相异。既与自身相同，也与其他事物相同。既与其他事物相似，也与其他事物不相似。既与其他事物相等，也与自身相等，而且还处于时间中，那么“一”就是“存在”。

第三组：如果“一”与“存在”结合，“一”以外的其他事物拥有什么属性。

如果“一”与“存在”结合，“一”以外的其他事物虽然不是“一”，但它们以某种方式分有“一”。其他事物是一个拥有部分的整体，作为整体它就是“一”，它是“一个”整体；但同时，每一部分也分有了“一”，它是“一个”部分。整体分有“一”，部分也分有了“一”，那么其他事物既是“一”又是“多”。

部分相对于整体有一个界限，部分与部分之间也有界限，所以其他事物内部是有界限的，但从一个整体来说，其他事物又是没有界限的。

所有的其他事物，既是“一”又是“多”，内部有界限，整体无界限，所以一切其他事物都是相似的。但是，有界限和无界限是对立的，对立的就是不相似的。所以，从一种属性来说，其他事物是相似的，从另一种属性来说，它们又是不相似的。

第四组：如果“一”是孤立的，“一”以外的其他事物会怎样。

如果“一”不与“存在”结合，是孤立的“一”，一切其他事物都与“一”没有关系，它们与“一”就是分离的。因为分离，其他事物的整体和部分都不能分有“一”，因此其他事物既不是“一”，又不是“多”。既不是整体，也不是部分。其他事物与“一”谈不上相似和不相似，其他事物之间也没有相似和不相似，因为它们不具有这两个属性。其他事物既不相同又不相异，既不运动又不静止，既不变化也无停止变化的状态，不存在大小或相等的比较关系，这类属性都被剥夺。如此一来，所有其他事物都不具有“一”的特性，也就不能称之为一个独立的事物。

第五组：如果“一”是相对的不存在，也就是假设“一不存在”，“一”自身会产生什么结果。

尽管我们假设“一不存在”，但当我们说“一不存在”时，实际上我们指向的还是这个“一”，我们谈论的还是这个“一”，我们对它还是有认知的。

我们知道，“一”与其他事物相异，所以“一”具有与其他事物不相似的属性。既然它与其他事物不相似，那么它自身是自洽的，也就是与自身相似，所以，这个“一”既具有不相似的属性，也具有相似的属性。

“一”与其他事物不相等，但“一”分有了大与小的属性，大与小之间存在过渡，这个过渡就是相等，所以这个“一”既具有不等的属性，也具有相等的属性。

我们假设“一不存在”，此时的“一”处于非存在的状态。这里的“非存在”并非绝对的不存在，而是与存在相异的一种状态。当我们提及某物“非存在”时，实际上已经默认了它在某种概念层面是存在的。所以这个“一”既处于非存在的状态，又在概念层面是存在的。

从存在转变为非存在，意味着“一”有状态的改变，这种改变可视为一种“运动”。但这种“运动”并非传统意义上的位移，也不是自身的“旋转”，因为“一”不在任何事物之中，所以也不能用常规的变化来定义。从常规运动概念来看它又是静止的，所以这个“一”既表现出运动的特征，又呈现出静止的特征。

因此，我们虽然假设“一不存在”，实际上它是存在的。

第六组：如果“一”是绝对的不存在，我们完全否定“一”的存在，“一”本身会有什么结果。

如果“一”是绝对的不存在，也就是说，我们完全否定它的存在，那么这个“一”既不会变为存在，也不会变为不存在，它是没有变化的。没有变化它就没有运动，当然它也没有静止。实际上它没有任何属性，没有时间和处所，既不拥有相似，也不拥有相异，其他事物与它既不相似，也不相异，我们对它没有任何感觉，没有任何认知。由于它是绝对的不存在，它根本不处于任何状态中。

第七组：如果“一”是相对的不存在，也就是假设“一不存在”，其他事物会产生什么结果。

假设“一不存在”，就会出现两种情况：其一，其他事物互为其他；其二，由于缺失了“一”的凝聚性，其他事物是碎片化的。比如，盐是一个整体，它有白色、咸、结晶状等属性，但因为缺失一的凝聚性，这些属性各自分离，并不凝聚为盐。原本应该是“一个”整体的东西，现在分散为多，但每片碎片又各自显现为一。

在这些碎片中，大的碎片因为分有了“大”的理念，“大”

若在事物整体中则与事物相等，“大”若包含事物则事物比“大”要小，结果是大的碎片变成了小；小的碎片因为分有了“小”的理念，其若在事物整体中则与事物相等，若包含事物则大于事物，结果则是小的碎片变成了大。因此每片碎片都兼具大、小和相等的属性。

不仅如此，因为它们是碎片，它们就拥有界限，有界限就有开端和终端，但又不能把它们看作是一个整体，因为已经假设了“一不存在”。除此之外，碎片与碎片既相似又不相似，既相同又不相同，它们既是“一”又是“多”。

第八组：如果“一”是绝对的不存在，也就是我们完全否定“一”的存在，其他事物会是什么结果。

如果“一”是绝对的不存在，其他事物就不能分有“一”，那它们就不是“一”，而是非存在。其他事物本应该是多，但因为“一绝对不存在”，就失去了比较，多就不可能存在。与此同时，其他事物也失去了相似与不相似，失去了相同与不相同，没有了接触与不接触，它们没有任何属性。结论是如果“一”是绝对的不存在，其他事物就不存在。

通过这八组推论，柏拉图向我们表明，假设理念为“一”，其他事物为“多”，这种假设还是有必要的。

附件2 对《智者篇》中通种论的解读

柏拉图在《智者篇》中讨论了理念与理念之间的分有问题，由此形成了“通种论”，在这里我们只解读《智者篇》中的通种论。

一个事物具有多种性质，事物只分有一个理念是不够的，它可能涉及多个理念，这就需要研究理念与理念能否结合。比如，一张桌子包含大小、形状、颜色、硬度等性质，不是一个“桌子”的理念所能涵盖的，桌子的理念显然必须与这些性质的理念结合。

柏拉图在《智者篇》中指出，理念之间的关系只有三种可能性，或者全部能结合，或者全部不能结合，或者有的能结合有的不能结合。论证表明，前两种情况都不可能，只有第三种情况有可能。为简明起见，他选择了“存在”“非存在”“运动”“静止”“相同”“相异”六个最普遍的理念做了代表性的讨论。由于这些最普遍的理念外延最大，在逻辑上被称为“种”，所以哲学史上把柏拉图关于这些理念关系的研究叫做“通种论”。

1.“存在”与“非存在”能否结合？

巴门尼德把“存在”与“非存在”对立了起来，柏拉图则认为这不过是表面现象，实际上当人们说某物“存在”或“非存在”时，已经肯定它是存在了。“非存在”不是不存在，并不是与“存在”相反的东西，而只是与“存在”相异的东西。这就把“存在”与“非存在”这两个对立的概念结合了起来，一切事物都与自身相同并且与他物相异。

2.“运动”与“静止”能否结合？

在柏拉图看来，“运动”与“静止”是不能相互分有的理念。不过在专门讨论“运动”的时候，他又认为就运动、变化而言，动中有静，静中有动。具体到“运动”与“静止”的关系时，两者不能互相分有，但如果就概念而论，“运动”与自身相同，“运动”本身是不运动不变化的，所以“运动”本身是“静止”不变的。

3.“相同”与“相异”能否结合？

“相同”与“相异”彼此是不同一的，但是“相同”与“相异”与自身又是相同的，而与其他范畴是相异的。同样道理，其他范畴与自身相同，亦与他者相异。因此，同中有异，异中有同，“相同”与“相异”彼此相互结合，是对立的统一。

4.“存在”与“运动”“静止”“相同”“相异”能否结合？

赫拉克利特主张一切皆流，无物常驻，万物都处在既存在又不存在的永恒流变之中，而巴门尼德主张存在是一，是静止不动的。柏拉图与他们不同，他认为，由于“存在”“运动”“静止”既是自身相同，又与其他范畴相异，所以“存在”与“运动”“静止”“相同”“相异”是能够彼此结合的。

5.“非存在”与“运动”“静止”“相同”“相异”能否结合？

相对于“运动”而言，“静止”是非存在；相对于“静止”而言，“运动”是非存在；相对于“相同”而言，“相异”是非存在，相对于“相异”而言，“相同”是非存在。因此，“非存在”与“运动”“静止““相同”“相异”是能够彼此结合的。

通过考察，柏拉图得出结论：存在、非存在、相同、相异可以互相结合；这四个理念与运动、静止也可以互相结合，但运动和静止不能互相结合。

柏拉图的“通种论”是他对理念论的重大修正。按照他以前的观点，理念是单一的、孤立的、封闭的，而现在理念之间则可以沟通了。柏拉图不仅克服了巴门尼德等人把“存在”与“非存在”绝对对立起来，贬低“非存在”的观念，而且确立了“存在”与“非存在”、“相同”与“相异”等范畴的对立统一关系，推动了辩证思维的发展。柏拉图的“通种论”是范畴理论的起源，范畴不仅是逻辑学的对象，也是本体论研究的对象。在某种意义上，范畴理论探讨的是世界的逻辑结构，亚里士多德的《物理学》和《形而上学》最终就落实在范畴体系之上。